建筑工程细部节点做法与施工工艺图解丛书

建筑电气工程细部节点做法与施工工艺图解

（第二版）

丛书主编：毛志兵

本书主编：颜钢文

组织编写：中国土木工程学会总工程师工作委员会

U0287656

中国建筑工业出版社

图书在版编目（CIP）数据

建筑电气工程细部节点做法与施工工艺图解／颜钢
文本书主编；中国土木工程学会总工程师工作委员会组
织编写. -- 2 版. -- 北京：中国建筑工业出版社，
2024. 12. --（建筑工程细部节点做法与施工工艺图解丛
书／毛志兵主编）. -- ISBN 978-7-112-30853-8

Ⅰ. TU85-64

中国国家版本馆 CIP 数据核字第 2025TU8743 号

　　本书以通俗、易懂、简单、经济、实用为出发点，从节点图、现场照
片、工艺说明三个方面解读工程节点做法。本书分为室外电气、变配电
室、供电干线、电气动力、电气照明、备用和不间断电源、防雷及接地
共 7 章，提供了 100 多个常用细部节点做法，能够对项目基层管理岗位及
操作层的实体操作及质量控制有所启发和帮助。

　　本书是一本实用性图书，可以作为监理单位、施工企业、一线管理人
员及劳务操作人员的培训教材。

责任编辑：曹丹丹　　张　磊
责任校对：姜小莲

建筑工程细部节点做法与施工工艺图解丛书
建筑电气工程细部节点做法
与施工工艺图解
（第二版）
丛书主编：毛志兵
本书主编：颜钢文
组织编写：中国土木工程学会总工程师工作委员会

＊

中国建筑工业出版社出版、发行（北京海淀三里河路 9 号）
各地新华书店、建筑书店经销
北京鸿文瀚海文化传媒有限公司制版
鸿博睿特(天津)印刷科技有限公司印刷

＊

开本：850 毫米×1168 毫米　1/32　印张：8½　字数：233 千字
2025 年 3 月第二版　　2025 年 3 月第一次印刷
定价：**39.00** 元
ISBN 978-7-112-30853-8
（44431）

丛书编委会

主　　编：毛志兵

副主编：朱晓伟　刘　杨　刘明生　刘福建　李景芳

　　　　　杨健康　吴克辛　张太清　张可文　陈振明

　　　　　陈硕晖　欧亚明　金　睿　赵秋萍　赵福明

　　　　　黄克起　颜钢文

本书编委会

主编单位： 北京城建集团有限责任公司

参编单位： 北京城建集团有限责任公司工程总承包部

北京城建集团有限责任公司国际事业部

北京城建一建设发展有限公司

北京城建六建设集团有限公司

北京城建七建设工程有限公司

北京城建安装集团有限公司

北京城建北方设备安装有限责任公司

主　　编： 颜钢文

副 主 编： 张宏伟　包　颖

编写人员： 姚　播　盛　宇　王自静　刘会彬　王　虹

丛桂杰　吴瑷名　唐馨庭　殷战伟　谢齐帅

姜　鲁　白云峰　余兴文　刘鹏岗　曹　建

贠　杰　杨利平　赵　政　马　腾　罗宝林

聂　聃　黄　鑫　张建涛

丛书前言

　　"建筑工程细部节点做法与施工工艺图解丛书"自 2018 年出版发行后，受到了业内工程施工一线技术人员的欢迎，截至 2023 年底，累计销售已近 20 万册。本丛书对建筑工程高质量发展起到了重要作用。近年来，随着建筑工程新结构、新材料、新工艺、新技术不断涌现以及工业化建造、智能化建造和绿色化建造等理念的传播，施工技术得到了跨越式的发展，新的节点形式和做法进一步提高了工程施工质量和效率。特别是 2021 年以来，住房和城乡建设部陆续发布并实施了一批有关工程施工的国家标准和政策法规，显示了对工程质量问题的高度重视。

　　为了促进全行业施工技术的发展及施工操作水平的整体提升，紧随新的技术潮流，中国土木工程学会总工程师工作委员会组织了第一版丛书的主要编写单位以及业界有代表性的相关专家学者，在第一版丛书的基础上编写了"建筑工程细部节点做法与施工工艺图解丛书（第二版）"（简称新版丛书）。新版丛书沿用了第一版丛书的组织形式，每册独立组成编委会，在丛书编委会的统一指导下，根据不同专业分别编写，共 11 分册。新版丛书结合国家现行标准的修订情况和施工技术的发展，进一步完善第一版丛书细部节点的相关做法。在形式上，结合第一版丛书通俗易懂、经济实用的特点，从节点构造、实体照片、工艺要点等几个方面，解读工程节点做法与施工工艺；在内容上，随着绿色建筑、智能建筑的发展，新标准的出台和修订，部分节点的做法有一定的精进，新版丛书根据新标准的要求和工艺的进步，进一步完善节点的做法，同时补充新节点的施工工艺；在行文结构中，进一步沿用第一版丛书的编写方式，采用"施工方式＋案例""示意图＋现场图"的形式，使本丛书的编写更加简明扼要、方便查找。

新版丛书作为一本实用性的工具书，按不同专业介绍了工程实践中常用的细部节点做法，可以作为设计单位、监理单位、施工企业、一线管理人员及劳务操作层的培训教材，希望对项目各参建方的实际操作和品质控制有所启发和帮助。

新版丛书虽经过长时间准备、多次研讨与审查修改，但仍难免存在疏漏与不足之处，恳请广大读者提出宝贵意见，以便进一步修改完善。

丛书主编：毛志兵

本书前言

随着科学技术飞速发展，建筑行业日新月异，建筑技术水平不断提高，建筑电气材料更新替代迅猛，建筑物的功能需求日益提升，建筑电气工程在建筑行业中扮演着日益重要的角色。同时，建筑电气施工的管理人员和技术人员的队伍日益壮大，广大一线的建筑电气施工管理人员和技术人员迫切需要一本通俗易懂、经济适用的专业书籍来提升自己。

为加强企业的基层业务能力建设，提高技术管理水平，进一步提高建筑电气工程质量，我们根据多年来的工程实践与施工管理经验组织编写了本书。本书是一本便于携带、知识面广、图文并茂的专业书籍，从节点图、实体照片、工艺说明三个方面阐述了建筑电气工程节点做法。

本书基于新颁布的现行国家有关标准进行修编，全书内容由室外电气、变配电室、供电干线、电气动力、电气照明、备用和不间断电源、防雷及接地七个子分部工程组成，涵盖建筑电气工程关键施工工艺和施工现场做法，本书力求资料详实、措施可靠、适用广泛，能够给予项目基层管理岗位及操作层实体操作岗位很大的启发和帮助，为建筑电气工程的施工人员、运行人员和质量检测人员提供参考与应用。同时，值得提醒一点，现场施工需要结合新的技术和新的规范标准，灵活掌握运用。

由于时间仓促，作者水平有限，本书难免有不妥之处，恳请同行和读者批评指正，以便未来不断完善。欢迎交流，共同提高，意见或建议可发电子邮件至 bucgzlb@163.com。

目 录

第一章 室外电气

第二章 变配电室

第三章 供电干线

第四章 电气动力

第五章　电气照明

第六章　备用和不间断电源

第七章　防雷及接地

第一章 室外电气

第一节 ● 架空线路

010101 架空接户线路安装

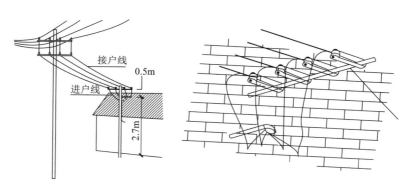

架空接户线路安装示意图

工艺说明

1. 接户线的两端应使用蝶式绝缘子，瓷釉表面应光滑、无裂纹、无掉渣现象。

2. 接户线架设前，进户管内导线已敷设好，且防水弯头拧牢。

3. 进户管采用钢管敷设时同一回路相线和 N（或 PEN）线的导线必须穿在同一根管内。

4. 接户线不得有接头、硬弯及绝缘破损等缺陷。

010102 杆上电气设备安装

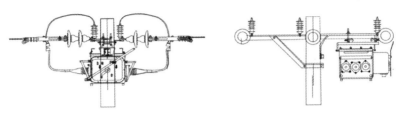

杆上电气设备安装示意图（一）

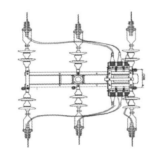

杆上电气设备安装示意图（二）

杆上电气设备安装现场图

工艺说明

杆上断路器和负荷开关的安装要点：

1. 水平倾斜度不大于托架长度的 1/100。

2. 引线连接紧密，当采用绑扎连接时，长度不小于 150mm。

3. 外壳干净，不应有漏油现象，气压不低于规定值。

4. 操作灵活，分、合位置指示正确可靠。

5. 外壳接地可靠，接地电阻符合规定。

010103 架空线路安装

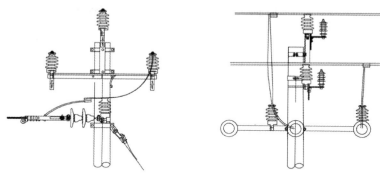

架空线路安装示意图（一）

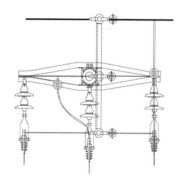

架空线路安装示意图（二）

架空线路安装现场图

工艺说明

　　导线的固定应可靠、牢固，且符合下列规定：

　　1. 直线转角杆：对针式绝缘子，导线应固定在转角外侧的槽内。

　　2. 直线跨越杆：导线应双固定，导线本体不应在固定处出现角度。

第二节 ● 室外电气设备

0102 室外箱式变压器安装

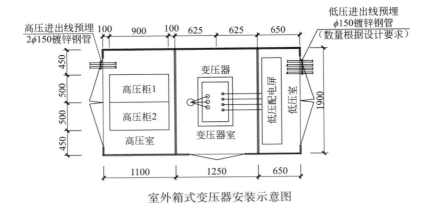

室外箱式变压器安装示意图

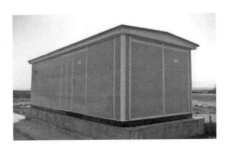

室外箱式变压器安装现场图

工艺说明

1. 室外箱式变压器的基础应高于室外地坪，高度应不小于当地最大积水深度，周围排水通畅。

2. 地脚螺栓螺母、垫片齐全，拧紧牢固。

3. 金属箱式变压器，箱体应与保护导体可靠连接，且有明显接地标识。

第二章　变配电室

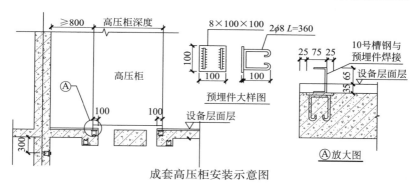

成套高压柜安装示意图

成套高压柜安装现场图

工艺说明

1. 配电箱柜台箱盘安装垂直度允许偏差为 1.5‰，相互间接缝不得大于 2mm，成列盘面偏差不应大于 5mm。

2. 配电柜找正时，采用垫铁进行调整，每处垫片不应超过 3 片，焊后清理，打磨补刷防锈漆。

3. 成排箱柜间距及距墙距离应满足操作、检查及安全隔离要求。

0202 室内干式变压器安装

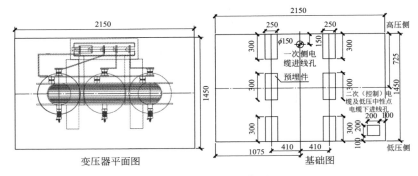

变压器平面图　　　　　　　　　　　基础图

室内干式变压器安装示意图（一）

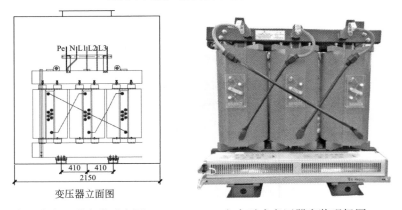

变压器立面图

室内干式变压器安装示意图（二）　　　室内干式变压器安装现场图

工艺说明

1. 变压器箱体与盘柜前面应平齐，温控器应固定牢固、可靠。

2. 干式变压器的支架、基础型钢及外壳应分别单独与保护导体可靠连接，紧固件及放松零件齐全。

3. 变压器中性导体的接地连接方式及接地电阻值应符合设计要求。

0203 成套高、低压柜安装

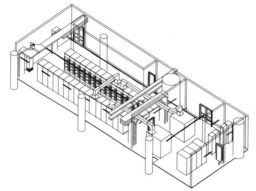

成套高、低压柜安装示意图

成套高、低压柜安装现场图

工艺说明

1. 高、低压柜金属框架及基础型钢应与保护导体可靠连接；装有电器的可开启门，门和金属框架的接地端子间应选用截面积不小于 $4mm^2$ 的黄绿色绝缘铜芯软导线连接，且有标识。

2. 手车、抽出式成套配电柜推拉应灵活，无卡阻碰撞现象。

3. 配电室不应设在厕所、浴室、厨房或其他经常有水并可能漏水场所的正下方，且不宜与上述场所贴邻；如果贴邻，相邻隔墙应做无渗漏、无结露等防水处理。

0204 变配电室安装维护通道间距要点

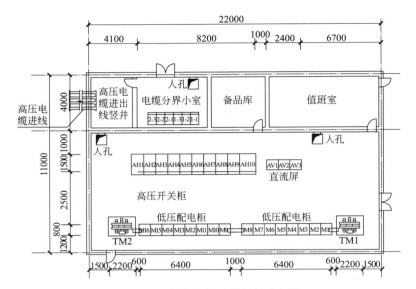

变配电室安装维护通道间距示意图

变配电室安装维护通道间距现场图

工艺说明

1. 当成排布置的配电柜长度大于 6m 时，柜后面的通道应设置两个出口。当两个出口之间的距离大于 15m 时，应增加出口。

2. 各种布置方式，柜端通道不应小于 800mm。

3. 采用柜后免维护可靠墙安装的开关柜靠墙布置时，柜后与墙净距应大于 50mm，侧面与墙净距应大于 200mm。

4. 配电柜后通道最小净宽应满足设计和规范要求。

0205 直埋电缆穿墙引入做法

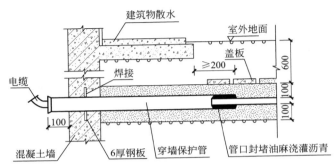

直埋电缆穿墙引入做法示意图

直埋电缆穿墙引入做法现场图

工艺说明

1. 电缆保护管伸出散水坡外大于等于200mm。

2. 电缆保护管要向室外方向倾斜出坡度，防止水侵入室内。

3. 电缆保护管应当处于室外地坪冻土层下，电缆敷设于冻土层以下。

0206 配电室及小间接地干线敷设

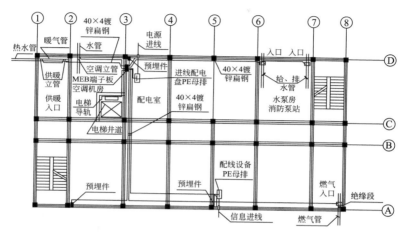

配电室及小间接地干线敷设示意图

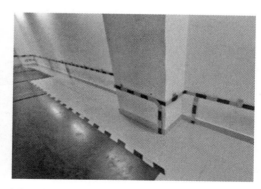

配电室及小间接地干线敷设现场图

工艺说明

　　1. 敷设位置不应妨碍设备的拆卸与检修，并便于检查。

　　2. 接地线应水平或垂直敷设，也可沿建筑物倾斜结构平行在直线段上，不应有高低起伏及弯曲情况。

　　3. 接地线沿建筑物墙壁水平敷设时，离地面应保持250～300mm的距离，接地线与建筑物墙壁间隙应保持10～20mm。

　　4. 明敷的接地干线全长度或区间段及每个连接部位附近的表面应涂以15～100mm宽度相等的绿色漆和黄色漆相间的条纹标识，预留供临时接地用的接线柱或接地螺栓处不应涂刷。

第三章　供电干线

第一节 ● 电气设备安装

030101 电气小间内设备安装

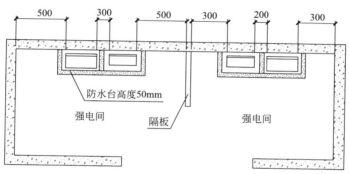

电气小间内设备安装示意图

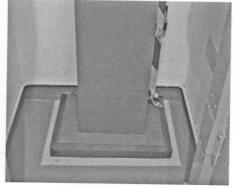

电气小间内设备安装现场图

工艺说明

1. 地面或门槛应高于本层楼地面 100mm，设在地下层时高差不应小于 150mm。

2. 电气竖井内应设有照明灯及 220V、10A 单相三孔检修插座。

3. 一般进人电气间的操作通道宽度不小于 800mm。

4. 电气小间内预留及母线槽的洞口的挡水台应高出地面 50mm。

030102 配电间T接箱安装

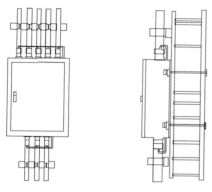

配电间T接箱安装示意图

配电间T接箱安装现场图

工艺说明

1. T接箱安装于竖向槽盒正面，应与线槽固定牢固，T接箱与槽盒本体应做跨接地线。

2. 单个槽盒上有多个T接箱时，最低处T接箱体高度应满足设计及现场检修要求。

3. T接端子的选择应与主电缆及分支电缆电流大小相匹配。

4. 箱体及桥架切割位置使用护口，以防划伤电缆线。

第二节 ● 母线安装

030201 封闭母线水平安装

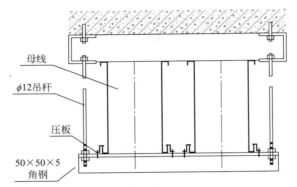

母线

φ12吊杆

压板

50×50×5
角钢

封闭母线水平安装示意图

封闭母线水平安装现场图

工艺说明

　　1. 制作支架的各种型钢、卡件应经过防腐处理，且应符合设计要求，图示仅为示意尺寸，膨胀螺栓、螺母、垫片、弹簧垫圈应是镀锌制品。

　　2. 母线与支、吊架的安装用压板固定，压板及各种配件均采用配套产品，母线槽安装确保垂直度和水平度。

　　3. 母线槽外壳接地跨接板连接应牢固防止松动，母线槽外壳首末端与保护接地导体相连接。

030202 封闭母线垂直安装

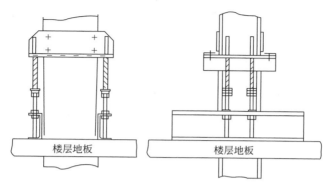

封闭母线垂直安装示意图

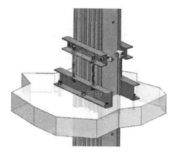

封闭母线垂直安装透视图

工艺说明

1. 制作支架的各种型钢、卡件应经过防腐处理，且应符合设计要求，膨胀螺栓、螺母、垫片、弹簧垫圈应是镀锌制品。

2. 垂直穿越楼板处应设置与建（构）筑物固定的专用部件支座，其孔洞四周应设置高度为 50mm 及以上的防水台，并应采取防火封堵措施。

3. 支架应安装牢固、无明显扭曲。

030203 母线槽及插接箱安装

母线槽及插接箱安装现场图

工艺说明

1. 母线槽安装和存储，必须采取防尘、防水、防潮等措施，在安装母线槽前需做绝缘电阻摇测，电阻值符合规范及设计要求。

2. 母线槽穿越楼板处应设置挡水台，并做防火封堵处理。

3. 母线插接箱高度应满足设计及现场检修要求。

4. 母线槽垂直安装时必须采用槽钢及不少于两个弹簧支撑点。

5. 插接箱安装前，应打开母线槽上的安全挡板，把箱内开关推到 OFF 位置上，根据相序插入母线槽内。

6. 先紧固插接箱地线与插接口地线，再紧固插接箱外壳与插接口外壳，最后紧固相线，母线槽插接箱连接时，必须根据对应的相序进线接线插接。

7. 母线插接箱内断路器出线端需做绝缘电阻摇测。

8. 母线槽送电前必须检查连接部分紧固且接触良好，绝缘和相序复核要求。

030204 封闭母线穿墙防火封堵

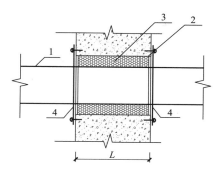

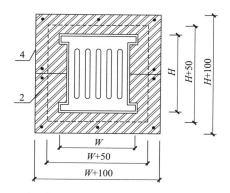

1—母线槽本体；2—穿墙套管（镀锌，两端翻边加固）；

3—防火堵料（岩棉等材料）；4—防火板

L：墙体厚度；W：母线外形宽度；H：母线外形高度

封闭母线穿墙防火封堵示意图

工艺说明

1. 母线安装连接接头不应在穿墙或穿楼板处，而应该是直线段穿楼板或墙体。

2. 母线防火封堵的防火等级不低于所穿越墙体或楼板的防火等级。

第三节 • 金属软管与设备连接

0303 金属软管与设备连接

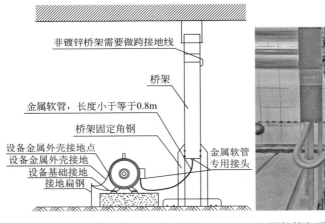

非镀锌桥架需要做跨接地线

桥架

金属软管，长度小于等于0.8m

桥架固定角钢

设备金属外壳接地点
设备金属外壳接地
设备基础接地
接地扁钢

金属软管
专用接头

金属软管与设备连接示意图　　　　金属软管与设备连接现场图

工艺说明

1. 采用柔性金属软管、可弯曲金属导管引入设备时，柔性导管的长度在动力工程中不宜大于0.8m。

2. 金属软管应用管卡固定牢固，两端应用专用接头与接线盒、线槽或电线管连接。

3. 有水房间应采用防水型、耐腐蚀性的金属软管。

4. 金属软管应有滴水弯，弯曲半径大于电缆允许弯曲半径，成排安装时应弧度一致，保持美观。

第四节 ● 电缆支架安装与电缆敷设

030401 电缆沟内支架安装

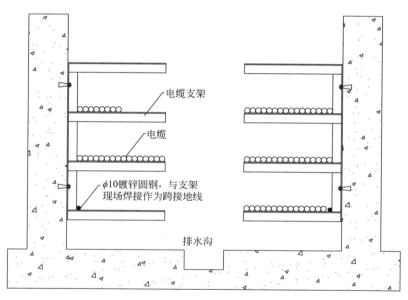

电缆支架

电缆

φ10镀锌圆钢，与支架现场焊接作为跨接地线

排水沟

电缆沟内支架安装示意图

电缆沟内支架安装现场图

工艺说明

　　电缆沟应满足防止外部进水、渗水的要求，室内电缆沟盖板宜与地坪齐平，室外电缆沟的沟壁宜高出地坪100mm。电缆沟应实现排水畅通，且电缆沟的纵向排水坡度不应小于0.5%。

030402 电缆沟内电缆敷设

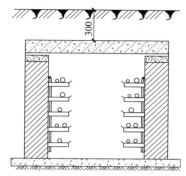

电缆沟内电缆敷设示意图

电缆沟内电缆敷设现场图

工艺说明

1. 电缆沟砌筑时沟底和沟壁要做防水，同时要留有一定的防水坡度进行散水。有覆盖的电缆沟的沟顶盖保证距离地面300mm的间距。

2. 电缆沟内支架宜通长敷设一根 φ10 热镀锌圆钢或 40×4 的热镀锌扁钢进行接地连接。

3. 电缆在沟内敷设时，要综合考虑好电缆的耐压等级、路由走向，分层敷设，保证电缆不出现交叉。

4. 线缆敷设时，应综合施工、管理、安全、运行和维护便利等考虑敷设高压电缆、低压电缆、控制电缆等的顺序。

030403 直埋电缆穿管敷设

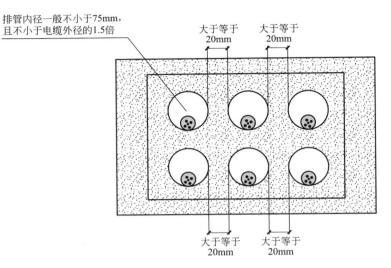

排管内径一般不小于75mm，
且不小于电缆外径的1.5倍

大于等于 20mm

大于等于 20mm

大于等于 20mm

大于等于 20mm

直埋电缆穿管敷设正视图

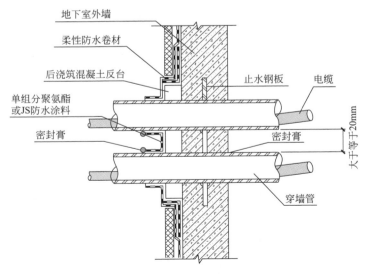

地下室外墙

柔性防水卷材

后浇筑混凝土反台

止水钢板

电缆

单组分聚氨酯
或JS防水涂料

密封膏

密封膏

大于等于20mm

穿墙管

直埋电缆穿管敷设剖视图

工艺说明

　　1. 金属导管管口平整光滑，无毛刺。

　　2. 敷设电缆时拖拉电缆用力要均匀，拉力发现异常应立即中止，查明原因并解决问题后再开始。

　　3. 直埋电缆过墙引入管必须做好防水处理，应有适当的防水坡度（5°～10°）。

　　4. 预埋钢管应做好接地，电缆保护管伸出墙外 1m，若建筑墙外有散水宜伸出散水边缘不小于 200mm，并应符合设计要求。

030404 电缆敷设

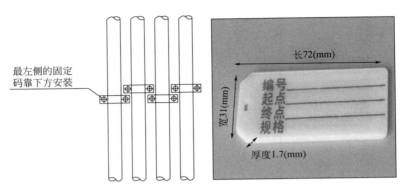

最左侧的固定
码靠下方安装

长72(mm)

宽31(mm)

编号
起点
终点
规格

厚度1.7(mm)

电缆敷设示意图

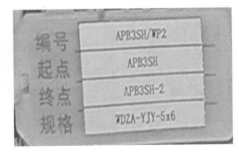

编号 APB3SH/WP2
起点 APB3SH
终点 APB3SH-2
规格 WDZA-YJY-5x6

电缆敷设现场图

工艺说明

1. 水平敷设电缆首尾两端、转弯两侧及每隔5～10m处上设固定点；竖向敷设电缆时，全塑型电缆的固定点为1m，其他电缆固定点为1.5m，控制电缆固定点为1m。

2. 电缆首端、末端、电缆分支处、转角处以及竖向安装每层分别安装电缆标识牌。

3. 标识牌包括回路编号、起点、终点、规格型号，泵房、锅炉房等潮湿场所的标识牌采用防潮型标识牌。

030405 电缆头制作

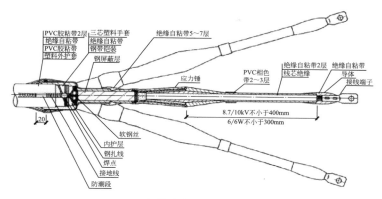

PVC胶粘带2层　三芯塑料手套　绝缘自粘带5～7层
绝缘自粘带　绝缘自粘带
PVC胶粘带　钢带铠装
塑料外护套　钢屏蔽层

绝缘自粘带2层　绝缘自粘带
线芯绝缘　导体
接线端子

应力锥

PVC相色
带2～3层

8.7/10kV不小于400mm
6/6W不小于300mm

20

软钢丝
内护层
钢扎线
焊点
接地线
防潮段

电缆头制作示意图

电缆头制作现场图

工艺说明

1. 电缆线芯连接金具截面宜为线芯截面的 1.2～1.5 倍。采取压接时，压接钳和模具应符合规格要求。

2. 在电缆终端头处，电缆铠装、金属屏蔽层应用接地线分别引出，并应接地良好。

3. 电缆终端上应有明显的相位（极性）标识，且应与系统的相位（极性）一致。

030406 导线连接

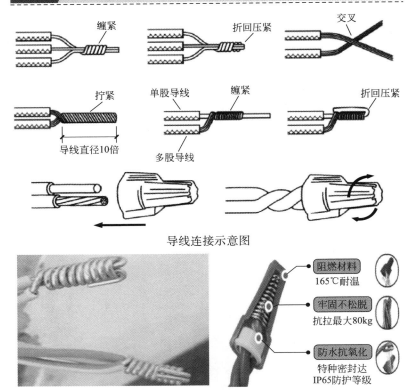

导线连接示意图

导线连接现场图

阻燃材料
165℃耐温

牢固不松脱
抗拉最大80kg

防水抗氧化
特种密封达
IP65防护等级

工艺说明

1. 截面积 6mm^2 及以下铜芯导线间的连接应采用导线连接器或缠绕搪锡连接，铜线与铝线连接时应用铜铝接头或压接，不准用自缠法。

2. 绝缘导线、电缆的线芯连接金具（连接管和端子），其规格应与线芯的规格适配，且不得采用开口端子。

3. 导线接头的机械强度不小于原导线机械强度的 90%，接触电阻不应超过同长度导线电阻的 1.2 倍。

030407 线路电气试验

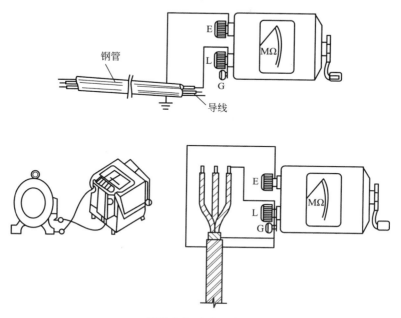

钢管

E

L

G

MΩ

导线

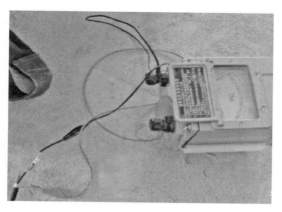

E

L

G

MΩ

线路电气试验示意图

线路电气试验现场图

工艺说明

    1. 线路电气试验是确保线路质量和电气性能的重要环节，检测线路潜在缺陷，保证其在实际应用中的可靠性和安全性。

    2. 在敷设电缆线路工程交接验收、重新制作电缆头时均应进行试验。

    3. 绝缘电阻测量（绝缘电阻检测）及耐压试验应按照施工规范，根据电缆、电线规格型号选择相应仪表及测试方法。

    4. 电线、电缆接头前需对电线、电缆做交接试验和相位核对以及绝缘电阻测试和校线，合格后方可进行。

第四章 电气动力

第一节 • 动力箱柜盘安装

040101 动力箱（柜）室外安装

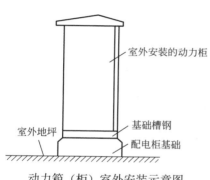

室外安装的动力柜

室外地坪 基础槽钢
配电柜基础

动力箱（柜）室外安装示意图

动力箱（柜）室外安装现场图

工艺说明

1. 室外动力配电柜应选用户外型配电柜，防护等级不低于 IP54 的箱体，箱内电器应适应室外环境的要求。

2. 室外动力配电柜安装，配电柜体与基础槽钢间、基础槽钢与结构基础间用耐候密封胶堵严。

3. 基础型钢安装不直度小于 1mm/m 或 5mm/全长；基础型钢安装水平度小于 1mm/m 或 5mm/全长；基础型钢安装不平行度小于 5mm/全长。

4. 室外落地式配电箱（柜）应安装在高出地坪不小于 200mm 的底座上，且高出积水高度，周围排水应顺畅。

040102 成套低压柜安装

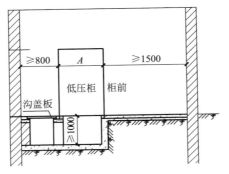

A—柜体厚度

成套低压柜安装示意图

成套低压柜安装现场图

工艺说明

1. 配电箱柜台箱盘安装垂直度允许偏差为 1.5‰，相互间接缝不得大于 2mm，成列盘面偏差不应大于 5mm。

2. 变配电室灯具安装于操作通道中间，不应安装在配电柜上方。

3. 成套配电柜上方应杜绝有或尽量减少管道（比如风管等）。

040103 动力箱盘芯安装

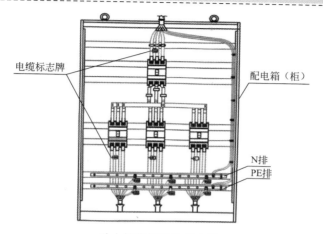

动力箱盘芯安装示意图

动力箱盘芯安装现场图（暗装）

工艺说明

1. 箱（盘）内配线整齐，无绞接现象。导线连接紧密，不伤线芯，不断股。

2. 垫圈下螺钉两侧压的导线截面积相同，防松垫圈等零件齐全。不同回路的 N 线或 PE 线不应连接在母排同一孔上或端子上。

3. 多回路馈出电路 N 线统一通过汇流排接线，N 线上应注明回路编号，标识清晰，便于检修。

040104 明装动力箱/盘安装

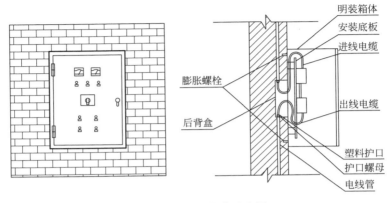

明装动力箱/盘安装示意图

明装动力箱/盘安装现场图

工艺说明

　　1. 成排明装配电箱尺寸相差较大时，根据配电箱的大小确定上平齐或者下平齐，满足操作开关便于操作的要求。

　　2. 明装配电箱要横平竖直，垂直度满足如下要求：当箱体高度为 500mm 及 500mm 以下时，不应大于 1.5mm；当箱体高度为 500mm 以上时，不应大于 3mm。

第二节 ● 电机检查接线

040201 电机检查接线

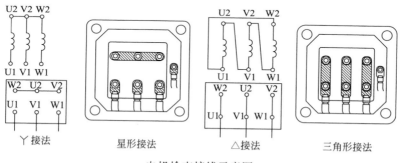

电机检查接线示意图

电机检查接线现场图

工艺说明

1. 电动机三相定子绕组按电源电压的不同和电动机铭牌的要求，可接成星形（丫）或三角形（△）两种形式，如示意图所示。

星形接线：将电动机定子三相绕组的尾端 U2、V2、W2 接在一起，首端 U1、V1、W1 分别接在三相电源上。

三角形接法：将第一相的尾端 U2 接到第二相的首端 V1，第二相尾端 V2 接到第三相的首端 W1，第三相的尾端 W2 接到第一相的首端 U1，然后将三个接点分别接三相电源。

2. 固定螺栓要平弹垫齐全，尤其是接地端子。

040202 电加热器接线

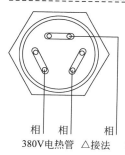

相　相　相

380V电热管　△接法

（a）示意图一

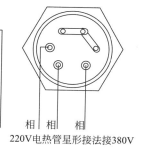

相　相　相

220V电热管星形接法接380V

（b）示意图二

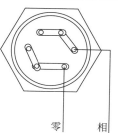

零　　　相

220V电热管接220V进线
（可以像图b接线方式接380V）

（c）示意图三

电加热器接线示意图

电加热器接线现场图

工艺说明

　　电加热器的接线方式常用的有两种：三角形接法和星形接法。

　　1. 三角形接法：电热管每个元件的首端接另一个元件的尾端，三个接点分别接三根相线的接线方式。特点：三个电热管元件额定电压为380V；如三个元件电阻值不同，也不影响这种接法的可行性。

　　2. 星形接法：三个电热管的加热元件，每个元件的首端连在一起（这个点称中性点），三个尾端分别接三根相线的接线方式。特点：三个元件额定电压为220V时，如果三个元件电阻值不同，则中性点应该接零线。

040203 电动机绝缘电阻测试

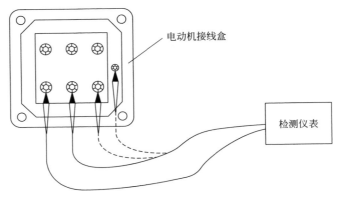

电动机接线盒

检测仪表

电动机绝缘电阻测试示意图

工艺说明

1. 电动机绝缘电阻测试前应拆下接线盒内接线端子之间的连接片。

2. 若用电设备已安装，应将其从供电回路中切断。

3. 应对用电设备的 L、N 与 PE，三相用电设备的 L1、L2、L3、N 与 PE，两两之间的绝缘电阻进行测试。

040204 电机温升值测量

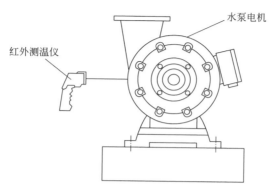

空载试运行电机温升值测量示意图

其中标注：红外测温仪、水泵电机

空载试运行电机温升值测量现场图

工艺说明

1. 电机机身温升允许值根据电动机绝缘等级等参数确定，允许值为60K、75K、80K、105K、125K不等。

2. 对电机温度测量，可归纳为电阻法、温度计法、埋置检温计法，现场施工主要采用红外线测温法。

3. 在实际运行中，如电机温升突然增大，说明电机有故障，或风道阻塞，或负荷过重。

第三节 ● 柔性金属导管与电机连接

040301 柔性金属导管与电机连接（一）

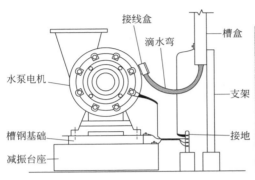

接线盒
滴水弯
槽盒
水泵电机
支架
槽钢基础
接地
减振台座

柔性金属导管与电机连接（一）示意图

柔性金属导管与电机
连接（一）现场图

工艺说明

1. 潮湿场所及地下室采用可弯曲金属导管布线时，应选用防水重型的导管。

2. 在可能溅水的安装位置，电动机进线电缆应有滴水弯。

3. 可弯曲金属导管或柔性导管与刚性导管或电气设备、器具间的连接应采用专用接头。用电设备安装在室外或潮湿场所，其接线口或接线盒应采取防水防潮措施。

4. 刚性导管经柔性导管与电气设备、器具连接时，柔性导管的长度在动力工程中不宜大于0.8m。

040302 柔性金属导管与电机连接（二）

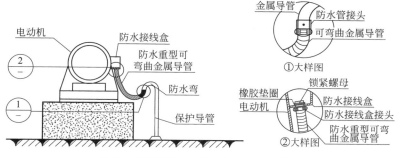

柔性金属导管与电机连接（二）示意图

屋面柔性金属导管与电机连接现场图

工艺说明

1. 敷设于室外的导管管口不应敞口垂直向上，导管管口应在盒、箱内或导管端部设置防水弯。

2. 位于室外及潮湿场所的金属支架应进行防腐。

3. 在动力工程中，刚性导管经柔性导管与电气设备、器具连接时，柔性导管的长度不宜大于0.8m。

4. 防液型可弯曲金属导管或柔性导管的连接处应密封良好，防液覆盖层应完整覆盖。

第四节 ● 电缆桥架安装

040401 电缆桥架安装

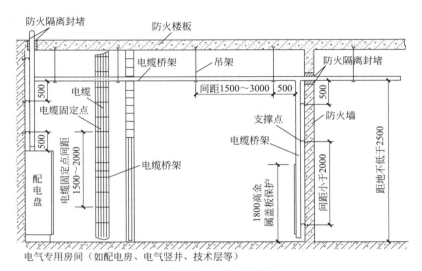

电缆桥架安装示意图

电缆桥架安装现场图

工艺说明

1. 电缆桥架配件应齐全，表面光滑、不变形。

2. 电缆桥架在建筑物变形缝处应设补偿装置，即断开电缆桥架用内连接板只固定一端，断开的两端需要跨接地线；钢制桥架直线段超过 30m，铝合金、玻璃钢桥架直线段超过 15m，应设伸缩节并做好跨接地线，留有伸缩余量。

3. 电缆桥架水平安装支吊架间距为 1.5～3m；垂直安装支架间距不大于 2m。支架规格应符合荷载要求。

非镀锌金属桥架本体间做法

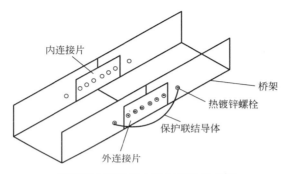

内连接片
桥架
热镀锌螺栓
保护联结导体
外连接片

非镀锌金属桥架本体间做法示意图

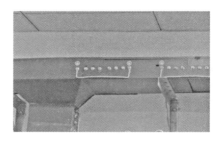

非镀锌金属桥架本体间做法现场图

工艺说明

1. 非镀锌金属桥架本体之间通过连接片利用螺栓固定可靠，连接或固定的螺栓应由内向外穿，螺母在外侧。

2. 非镀锌金属桥架本体之间的连接板的两侧应跨接保护联结导体。

3. 设计无要求时，保护联结导体可采用不小于 $4mm^2$ 黄绿色铜芯绝缘导线。端部应采用铜接线端子连接。

4. 保护联结导体处应将桥架螺孔内外侧绝缘层刮除，确保保护导体与桥架电气接触可靠。若采用爪形垫，爪形垫应紧贴涂料等覆盖层。

040403 镀锌金属桥架本体间做法

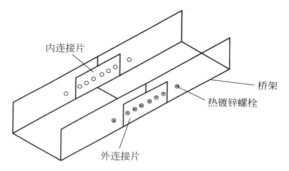

内连接片

桥架

热镀锌螺栓

外连接片

镀锌金属桥架本体间做法示意图

镀锌金属桥架本体间做法现场图

工艺说明

　　1. 镀锌金属桥架本体之间通过连接片利用螺栓固定可靠，连接或固定的螺栓应由内向外穿越，螺母在外侧。

　　2. 当镀锌金属桥架连接板每端已安装不少于2个有防松螺母或防松垫圈的连接固定螺栓时，本体之间可不跨接保护联结导体。

040404 桥架与保护导体连接（一）

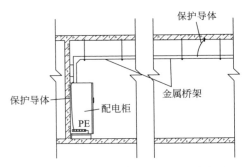

金属桥架与保护导体连接（一）示意图

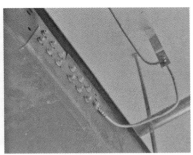

金属桥架与保护导体连接（一）现场图

工艺说明

1. 金属梯架、桥架与保护导体连接应不少于2处，当全长超过30m时，每隔20～30m增加连接点（接地点预留扁钢或圆钢是从接地干线引来的），起始端和终端均应可靠接地。

2. 金属梯架、桥架起始端或终点端与配电柜（箱）驳接时，应可靠接地，保护导体应接至配电柜（箱）的PE排。

桥架与保护导体连接（二）

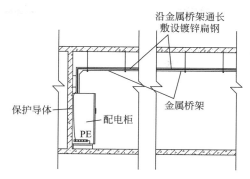

沿金属桥架通长
敷设镀锌扁钢

金属桥架

保护导体

配电柜

PE

金属桥架与保护导体连接（二）示意图

保护导体沿金属桥架通长敷设现场图

工艺说明

　　1.当设计采用通长的保护导体沿桥架敷设时，保护导体宜沿电缆桥架侧板敷设。

　　2.槽盒与热镀锌扁钢之间连接方法采用螺栓连接。

　　3.通长的保护导体宜设明显接地标识。

040406 竖向金属桥架支架安装

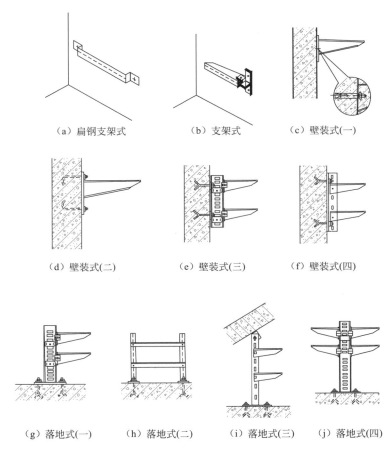

（a）扁钢支架式　　　（b）支架式　　　（c）壁装式(一)

（d）壁装式(二)　　　（e）壁装式(三)　　　（f）壁装式(四)

（g）落地式(一)　　（h）落地式(二)　　（i）落地式(三)　　（j）落地式(四)

竖向金属桥架支架安装示意图

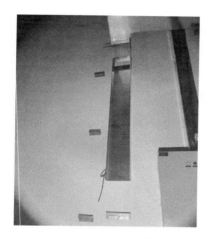 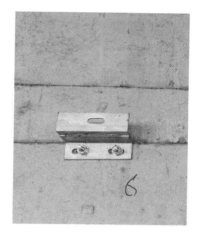

竖向金属桥架支架安装现场图

工艺说明

1. 垂直安装的支架间距不应大于2m。

2. 桥架支架形式可选用镀锌圆钢、角钢、槽钢、专用支架等。

3. 电缆桥架的支架等可采用预埋螺栓、膨胀螺栓、预埋钢连接件焊接等方法固定。

4. 敷设在电气竖井内的电缆梯架或托盘，其固定支架不应安装在固定电缆的横担上，且每隔3～5层应设置承重支架。

5. 承力建筑钢结构构件上不得熔焊支架，且不得热加工开孔。

040407 水平方向金属桥架支吊架安装

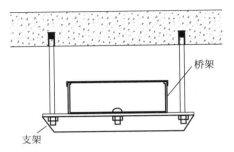

水平方向金属桥架支吊架安装示意图

右侧标注：桥架

左侧标注：支架

水平方向金属桥架支吊架安装现场图

工艺说明

1. 水平安装的支架间距宜为 1.5～3.0m。

2. 桥架支架形式可选用镀锌圆钢、角钢、槽钢、专用支架等。

3. 承力建筑钢结构构件上不得熔焊支架，且不得热加工开孔。

4. 采用金属吊架固定时，圆钢直径不小于 8mm；并在分支处或端部 0.3～0.5m 处应有防晃固定支架，固定支架间距通常不大于 20m。

040408 桥架综合支架安装

桥架综合支架安装现场图

工艺说明

1. 电缆桥架多层敷设时，层间距离应满足敷设和维护需要，并符合下列规定：电力电缆的电缆桥架间距不应小于0.3m；电信电缆与电力电缆的电缆桥架间距不宜小于0.5m；控制电缆的电缆桥架间距不应小于0.2m；最上层的电缆桥架的上部距顶棚、楼板或梁等不宜小于0.15m。

2. 当两组或两组以上电缆桥架在同一高度平行敷设时，各相邻电缆桥架间应预留维护、检修距离，且不宜小于0.2m。

3. 结合图纸和现场实际情况，对槽盒及线缆进行荷载分析，对支架进行结构受力分析，经构件验算和节点受力验算后，选择桥架支架规格，可选用镀锌圆钢、角钢、槽钢、专用支架等。

040409 电缆桥架在竖井内穿越楼板做法

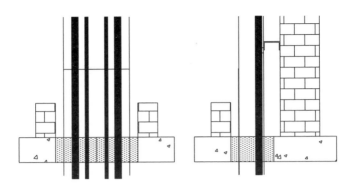

电缆桥架在竖井内穿越楼板做法示意图

电缆桥架在竖井内穿越楼板做法现场图

工艺说明

1. 电缆桥架预留洞比所穿桥架外形尺寸大 50～100mm。

2. 存在渗水风险的电缆桥架预留洞周边应砌筑挡水台。

3. 下层电缆桥架盖板应高出防水台 100～200mm（或高出地面 300～500mm），其上再设置长度为 1.0m 左右的桥架盖板检查段。

4. 电缆敷设完成后应用防火材料将桥架内外均封堵密实。

040410 电缆桥架电气竖井内安装

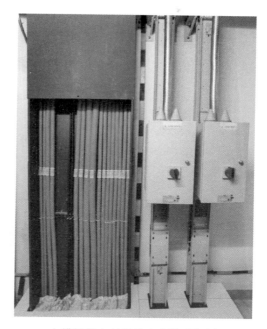

电缆桥架电气竖井内安装现场图

工艺说明

1. 电缆桥架穿越楼层要封堵密实，包括桥架内和桥架外。

2. 镀锌电缆桥架无须跨接接地（伸缩缝、变形缝除外）。

3. 非镀锌桥架跨接接地，接地线有效断面不小于 $4mm^2$。

4. 垂直桥架内应设用于绑扎固定电缆的专用支架。

5. 电缆桥架与小间内接地干线做可靠相连。

6. 桥架内电缆标识牌字体清晰，并面朝外侧，便于观察。

7. 桥架盖板高出地面 30～50cm，其上做 1m 左右的观察段桥架盖板。

040411 电缆桥架伸缩节安装

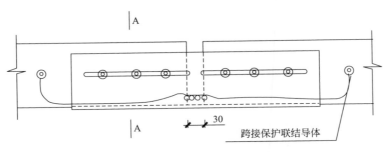

（a）伸缩节示意图

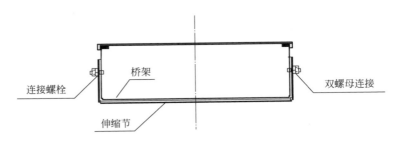

（b）伸缩节A-A剖面示意图

电缆桥架伸缩节安装示意图

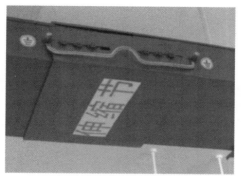

电缆桥架伸缩节安装现场图

工艺说明

1. 直线段钢制电缆桥架长度超过 30m，设有伸缩节。

2. 铝合金或玻璃钢制电缆桥架长度超过 15m，设置伸缩节。

3. 电缆桥架跨越建筑物变形缝处设置补偿装置。

4. 当桥架跨越沉降缝时，可采用防火帆布进行连接。防火帆布与金属槽盒本体连接时采用厚 1.2mm 的镀锌铁皮压接并螺栓固定，防火帆布左右方向保持一定的松弛度。

电缆桥架室外安装

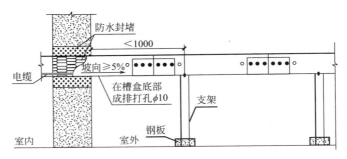

（a）室外电缆桥架通过预留孔洞进入室内的防水措施一

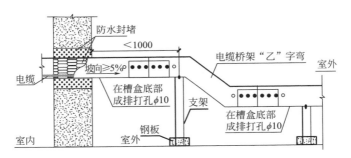

（b）室外电缆桥架通过预留孔洞进入室内的防水措施二

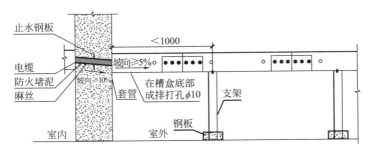

（c）室外电缆桥架通过套管进入室内的防水措施一

室外桥架进入室内前的防雨水措施示意图（一）

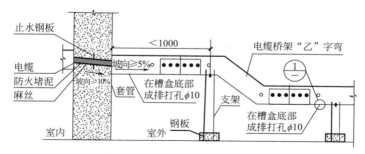

止水钢板

电缆

防火堵泥

麻丝

＜1000

坡向≥5‰

坡向≥10‰

套管

电缆桥架"乙"字弯

在槽盒底部
成排打孔φ10

支架

钢板

在槽盒底部
成排打孔φ10

室内

室外

（d）室外电缆桥架通过套管进入室内的防水措施二

室外桥架进入室内前的防雨水措施示意图（二）

室外桥架进入室内前的防雨水措施现场图

工艺说明

1. 室外的电缆桥架进入室内或配电箱（柜）时应有防雨水进入的措施，电缆桥架底部应有泄水孔。

2. 电缆桥架与墙体或配电箱（柜）接口处设置"乙"字弯或电缆桥架坡向室外并做防水封堵等。

3. 盖板使用"脊"形防雨盖板。

4. 槽盒穿墙处应做好防水、防火封堵。

第五节 ● 电缆敷设

040501 电缆沿桥架水平敷设

电缆沿桥架水平敷设现场图

工艺说明

　　1. 施工前检查敷设电缆的规格、型号、截面等是否符合设计要求，外观应无明显损伤。

　　2. 电缆敷设前后均需进行绝缘摇测。

　　3. 先检查通道是否畅通，转弯是否满足弯曲半径。

　　4. 结合现场情况，确定电缆盘放置位置，根据电缆的规格和规范中对牵引强度、牵引速度的要求进行牵引机械的参数计算，选择牵引机械。敷设电缆不得生拉硬拽，出现异常情况必须停止检查，防止电缆破损。

　　5. 电缆的敷设排列应顺直、整齐，并宜少交叉。水平敷设的电缆，首尾两端、转弯两侧及每隔5～10m处应设固定点。

　　6. 电缆首端、末端、检修孔和分支处应设置永久性标识。

040502 电缆沿桥架垂直敷设

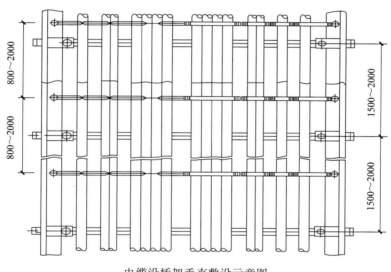

电缆沿桥架垂直敷设示意图

电缆沿桥架垂直敷设现场图

工艺说明

　　1. 电缆垂直敷设时宜自上而下敷设。低层小截面电缆可用滑轮大绳人力牵引敷设。高层大截面电缆宜用机械牵引敷设。

　　2. 电缆的敷设排列应顺直、整齐，并宜少交叉。在梯架、托盘或槽盒内大于45°倾斜敷设的电缆应每隔2m固定。

　　3. 电缆敷设完毕后需挂标志牌，需要挂牌的部位为电缆终端头、拐弯、夹层内、隧道及竖井的两端等部位。

　　4. 桥架内线缆敷设，电力线缆需考虑通电以后的散热问题；配电电线的总截面积不应超过桥架内截面面积的40%。

040503 电缆在桥架交叉、转弯、分支时的敷设

电缆在桥架交叉、转弯、分支时的敷设现场图

工艺说明

1. 先检查通道是否畅通，转弯是否满足弯曲半径。电缆敷设施工过程中先临时绑扎，等同一路径的电缆敷设完毕后再作统一整理固定。

2. 电缆整理后应整齐美观。电缆的敷设排列应顺直、整齐，并宜少交叉。水平敷设的电缆，首尾两端、转弯两侧及每隔5～10m处应设固定点。

3. 电缆首末段、中间30m、分支处、拐弯处应设电缆标识牌。

4. 电缆标识牌应注明线路编号、电缆规格型号、起始点位置及电缆长度。标识牌不应夹在电缆中，应扎牢并排列在电缆外侧。

040504 矿物绝缘电缆敷设

矿物绝缘电缆敷设现场图

工艺说明

1. 矿物绝缘电缆敷设时应满足最小弯曲半径要求。

2. 矿物绝缘电缆敷设在建筑物沉降缝、伸缩缝、有振动、温差变化大场所等应考虑留有适量余量，并采用保护措施。

3. 在布线过程中，电缆锯断后应立即对其端部进行临时性封端。

4. 由于电缆的绝缘材料（氧化镁）在空气中易吸潮，施工时应做好防潮措施。

5. 在敷设安装过程中，要多次及时地测量电缆的绝缘电阻值，因安装时电缆受潮，或金属碎屑未清除干净，均可能造成绝缘不合格。

6. 单芯矿物绝缘电缆敷设应分回路进出钢制配电箱/柜、桥架、钢管（钢套管）、钢筋混凝土楼板（墙体）预留洞；电缆固定时不得形成闭合铁磁回路。

040505 电缆敷设——放线拖车

电缆敷设——放线拖车现场图

工艺说明

　　电缆放线拖车主要用于电缆线盘的短距离运输，也可作为线盘施工时的放线架。有整体翻转结构的，也有液压油缸操作的线盘升降结构的。有双轮胎布置，拖车结构可分拆，以方便运输。

040506 电缆敷设——牵引机

电缆敷设——牵引机现场图

工艺说明

　　1. 电缆牵引机操作步骤：将电缆牵引机固定在拉缆的一端，将电缆连接到牵引机上，设置牵引机驱动力，开启牵引机拉电缆。

　　2. 拉电缆时应当注意控制速度，尤其是在电缆长距离或多弯道情况下。

第六节 ● 电缆头制作与连接

040601 热缩电缆头制作、安装

热缩电缆头实物图

工艺说明

1. 电缆终端头采用热缩型电缆终端头制作时，加热器采用电热吹风机或喷灯。

2. 制作前选择与电缆截面相适应的热缩塑料手套。

3. 在安装分支手套时，宜先进行预热，并将电缆定位，套上分支手套后，按所需分叉角度摆好线芯后再进行加热。

040602 T接端子制作安装

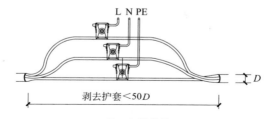

L N PE

剥去护套<50D

D—电缆外径

T接端子制作安装示意图

（a）打开防护罩

（b）拧松螺钉后取出导电体，装上主干线后，再装上导电体

（c）盖上防护罩并拧紧安装螺钉

（d）揭开透明盖拧松螺钉，装入分支线后拧紧螺钉，盖上透明盖即可

T接端子制作安装流程图

工艺说明

1. T接端子安装应符合规范规定，绝缘电阻合格，电线终端头固定牢固，相序正确，绝缘包扎严密。

2. T接端子不能并排安装，电缆剥去护套的两端应做好封闭处理，并进行固定。

040603 高压电缆头制作

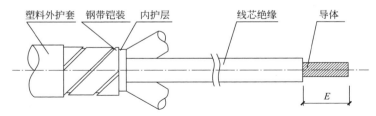

塑料外护套　钢带铠装　内护层　　　线芯绝缘　　　导体

E

高压电缆头制作示意图

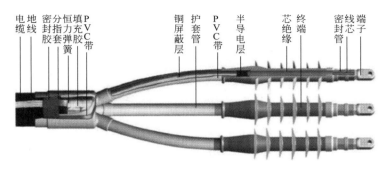

电地缆线　密封胶套　分指套　恒力弹簧　填充胶　PVC带　　铜屏蔽层　护套管　PVC带　半导电层　　芯绝缘　终端　　密封管　线端子

高压电缆头制作现场图

工艺说明

1. 钢带铠装长度为 30mm，内护层长度为 20mm，铜屏蔽层长度约为 430mm，半导体层长度约为 25mm，绝缘层到末端长度为 255mm，E＝接线端子深度＋5mm（以上数据仅供参考，以各生产厂家要求为准）。

2. 钢带铠装和铜屏蔽层都要用镀锌编织带做好接地，并引至相应地排。

3. 压接端子，挫平棱角和毛刺，绕包填充胶，填平颈部和凹坑。

4. 套入密封管，加热收缩（或用冷缩管冷缩固定）。

5. 室外电缆头要求雨裙（热塑雨裙上、下间距 140mm）。

040604 预分支电缆头制作

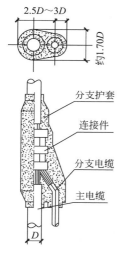

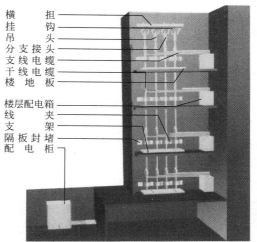

横担
挂钩
吊头
分支接头
支线电缆
干线电缆
楼地板
楼层配电箱
线夹
支架
隔板封堵
配电柜

D—电缆直径

预分支电缆头制作示意图

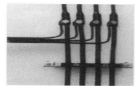

预分支电缆头制作现场图

工艺说明

1. 预分支电缆采用吊装,从上往下或从末端开始施工。

2. 吊装时先用钢丝网套,提升电缆,当吊好后及时将电缆固定在安装支架上,减少网套承受拉力。

3. 在电缆井或电缆通道中,按主电缆截面小于等于 300mm² 的每隔 2m 距离固定一次,大于等于 400mm² 每 1.5m 间距固定一次,支架固定牢固可靠。

040605 低压电缆头制作

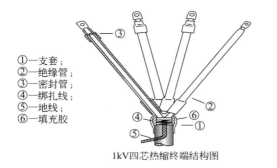

①—支套；
②—绝缘管；
③—密封管；
④—绑扎线；
⑤—地线；
⑥—填充胶

1kV四芯热缩终端结构图

1kV五芯热缩终端

低压电缆头制作示意及实物图

低压电缆头制作现场图

工艺说明

1. 根据现场实际要求，剥开相应的电缆外皮，并去除电缆填充物，用绝缘胶带缠绕数圈给予固定，套入爪型套，均匀加热收缩固定。

2. 依据电缆相线套入相对颜色的热缩护套管，均匀加热收缩固定。

3. 根据接线端子深度剥开内绝缘层，套上端子，用液压钳压接2～3道，挫平棱角，缠绕相应颜色绝缘胶带或热塑管热缩。

040606 矿物电缆头

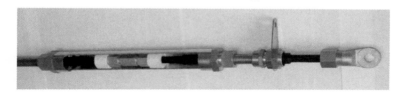

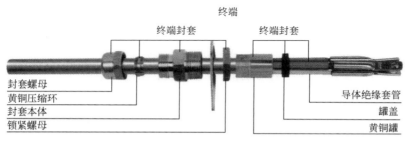

终端

终端封套　　　　终端封套

封套螺母
黄铜压缩环
封套本体
锁紧螺母

导体绝缘套管
罐盖
黄铜罐

矿物电缆头实物图

工艺说明

1. 将电缆按所需长度先用管子割刀在上面割一道痕线（铜护套线不能割断），再用斜口钳将护套铜皮夹在钳口之间按顺时针方向扭转，夹住护套铜皮的边并以小角度进行转动割离，直至割痕处。

2. 用清洁的干布彻底清除外露导线上的氧化镁绝缘料，然后将束头套在电缆上，拧紧于低于封杯内局部螺纹处。

3. 从电缆敞开端用喷灯火焰加热电缆，并将火焰不断地移向电缆敞开端，以便将水分排除干净。

4. 用欧姆表分别测量芯与芯、芯与护套之间的绝缘电阻，测量结果达到要求后，在封口杯内注入封口膏。封口膏加满后，再压上杯盖，用热缩套管把线芯套上，最后用绝缘摇表再测量一下绝缘电阻，如果绝缘偏低，则重新再做一次。

040607 通用型导线连接器连接做法

通用型导线连接器连接做法示意图

通用型导线连接器连接做法现场图

工艺说明

1. 通用型导线连接器适用于电气线路中截面积为 $6mm^2$ 及以下范围内，单芯、多股铜导线的连接。

2. 采用通用型连接器连接导线时，先将导线夹紧件打开，将符合剥线要求的导体放入连接器孔并至最大深度，再将导线夹紧件复位，通过连接器本身的辅助装置或简单的操作工具打开夹紧件①，然后插入导线②，再将辅助装置复位或取出操作工具③，即完成导线的安装；拆卸通用型连接器时，将导线夹紧件打开，即可将被拆分导体从连接器中取出。

3. 导线连接器应与导线截面匹配，连接后不应明露线芯。

040608 推线式导线连接器连接做法

指定剥
线长度

检测

（a）剥线　　　（b）导线连接　　　（c）测试　　　（d）导线拆除

推线式导线连接器连接做法示意图

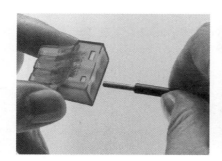 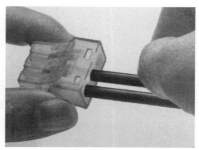

推线式导线连接器连接做法现场图

工艺说明

　　1. 推线式导线连接器适用于电气线路中截面积为 $6mm^2$ 及以下范围内，单芯、多股硬铜导线的连接，不适用于多股软铜导线的连接。

　　2. 采用推线式导线连接器连接导线时，先按不同产品类型剥除护套线长度，将线芯完全插入线孔内直至碰到线孔末端，每个线孔只能插入一根导线。测试时，将测试表的笔尖插入背面的测试孔内进行连接测试。如需拆卸，一边来回转动一边向外拔移接线头。可重复插接比更换前更大规格的导线。

　　3. 推线式导线连接器应与导线截面匹配，连接后不应明露线芯。

　　4. 推线式导线连接器选用应符合现行《建筑电气工程施工质量验收规范》GB 50303、《建筑电气细导线连接器应用技术规程》CECS 421 的规定。

040609 扭结式导线连接器应用

第一步：剥线
剥取护套11～13mm，以弧口外径做参考

剥线　　　　弧口外径

第二步：扭绞
无需预扭绞，直接套上连接器顺时针扭绞，或使用工具辅助扭绞

无需预扭绞　　手扭绞　　工具扭绞

第三步：完成操作

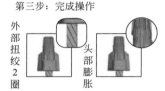

外部扭绞2圈

头部膨胀

外部导线扭绞2圈以上或受力处膨胀即可

图示：

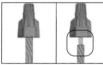

正确　　剥线太长　　没扭到位　　扭得太多

扭结式导线连接器应用示意图

扭结式导线连接器应用现场图

工艺说明

1. 单芯导线与多芯导线连接时，多芯软导线搪锡处理，搪锡后连接处采取可靠绝缘措施。

2. 连接前剥除导线连接部位的绝缘层不可损伤其芯线。

3. 导线连接器应与导线截面积相匹配，多尘及潮湿场所应选用 IPX5 以上防护等级。

4. 适用于额定电压交流 1kV 及以下和直流 1.5kV 及以下建筑电气细导线（6mm² 及以下的铜导线）的连接。

5. 导线连接器选用应符合现行国家标准《家用和类似用途低压电路用的连接器件》GB/T 13140.1～13140.5 的规定。

040610 导线缠绕连接做法

（a）单芯导线缠绕连接　　（b）单芯导线与多股软　　（c）多芯导线缠绕连接
导线缠绕连接

导线缠绕连接做法示意图

导线缠绕连接做法现场图

工艺说明

1. 缠绕涮锡连接工艺应符合下列规定：单芯导线与单芯导线连接，单芯导线缠绕5～7圈；单芯导线与多股软导线，多股软线涮锡后缠绕5～7圈；多股软导线与多股软导线连接，导线缠绕长度应不小于导线直径的10倍。

2. 导线接头涮锡应符合下列要求：放入锡锅内的焊锡熔化状态温度应适度并保持恒温，将导线缠绕接头涂抹焊剂后放入锡锅涮锡，导线连接处涮锡工序完成后，用棉布将涮锡处的污物擦除干净。

3. 导线接头包扎应符合下列要求：

（1）先用塑料绝缘带从导线接头处始端的完好绝缘层开始，缠绕1～2个绝缘带宽度，再以半幅宽度重叠进行缠绕。在包缠过程中应尽可能地收紧绝缘带；最后在绝缘层上缠绕1～2圈后，再进行回缠，至少包缠2层。（2）采用橡胶绝缘带包扎时，应将其拉长2倍后再进行缠绕，然后再用绝缘黑胶布包扎，包扎时要衔接好，以半幅宽度边压边进行缠绕，同时在包扎过程中收紧胶布，导线接头处两端应用阻燃黑胶布包封严密，包扎后应呈枣核形。潮湿场所应使用聚氯乙烯胶带或涤纶胶带。

040611 线路绝缘摇测

绝缘电阻测试高压插孔　　绝缘电阻测试插孔

绝缘电阻测试按钮　　功能旋钮

绝缘电阻测试仪实物图

鳄鱼夹

测试线

工艺说明

1. 配电线路线间和线对相间的绝缘电阻应进行绝缘电阻测试。电线的绝缘测定，低压配电回路的标称电压通常为 220/380V，选用直流测试电压 500V 档位，绝缘电阻最小值应不低于 0.5MΩ。电缆的绝缘测定，应根据不同产品技术标准，分别对矿物绝缘电缆、普通成品电缆、已制作完成电缆终端头的电缆进行绝缘电阻测试。

2. 测量绝缘电阻时，将功能旋钮转到选定电压档位，将红色测试线和黑色测试线分别插在绝缘电阻测试高压插孔和绝缘电阻测试插孔上，测试线另一端用鳄鱼夹夹在被测线路上，点击绝缘电阻测试按钮，读取读数。

3. 绝缘测量后应立即对导线或该设备负荷侧接地并三相短路，使其剩余电荷放尽。

4. 绝缘电阻测试仪属 A 级计量器具，应确保在校准有效期内使用。

第五章　电气照明

第一节 ● 照明箱柜盘安装

050101 照明配电柜安装

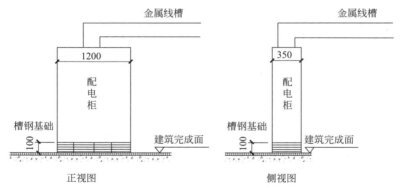

照明配电柜安装示意图

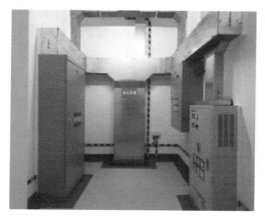

照明配电柜安装现场图

工艺说明

　　1. 选用不小于 8 号槽钢做基础底座，槽钢焊接要切斜角，并打磨光滑后刷防锈漆，油漆干膜厚度符合规范及设计要求。

　　2. 照明配电柜安装完成后应接地明显可视，基础应做可靠接地连接，接地电阻符合规范及设计要求。

　　3. 照明配电柜不应设置在水管、风口的正下方。

　　4. 照明配电柜成排布置时，应充分考虑应急疏散、配电柜门开启及电气操作和检修空间需求。

050102 混凝土墙体配电箱嵌墙安装做法

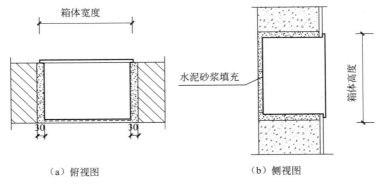

（a）俯视图 　　　　　　　　　　　　（b）侧视图

混凝土墙体配电箱嵌墙安装做法示意图

混凝土墙体配电箱嵌墙安装做法现场图

工艺说明

　　1. 配电箱嵌入安装步骤：箱体安装——箱芯安装——箱面板安装。

　　2. 为防止箱体受外力影响而变形，宜在箱体内部增加防止变形措施。

　　3. 箱体必须要固定牢固，防止混凝土振捣时被破坏，封堵箱体孔缝，防止混凝土浇筑时灌入砂浆。

　　4. 线管进配电箱必须固定可靠，并采取可靠封堵措施，防止混凝土进入管内。

　　5. 箱体应考虑墙体建筑做法，与完成面平齐。

050103 砌块墙明装配电箱安装

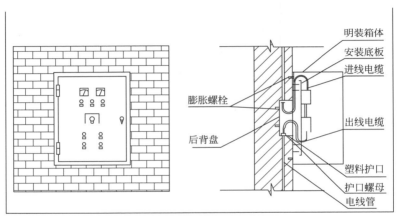

砌块墙明装配电箱安装示意图

砌块墙明装配电箱安装现场图

工艺说明

1. 配电箱应稳固且横平竖直，垂直度允许偏差不应大于1.5‰，相互间接缝不得大于2mm，成列盘面偏差不应大于5mm。

2. 背盒暗埋墙体需可靠固定，进线与馈线不宜在背盒的同一个面，背盒外沿口不得超出明装配电箱轮廓。

3. 把导线拉出面板时，要保证面板线孔光滑，没有毛刺，金属面板应配置绝缘保护套。

4. 安装盘面要求平整，箱芯待具备条件时候安装，避免过早安装造成污染和破坏。

5. 金属壳配电箱必须接地，箱门与箱体采用截面积不小于4mm^{2}的黄绿色绝缘铜芯软导线进行连接。

6. 箱体、管路连接固定好后，箱体清理干净，用盖板封闭，并做好成品保护。

050104 轻钢龙骨墙配电箱安装

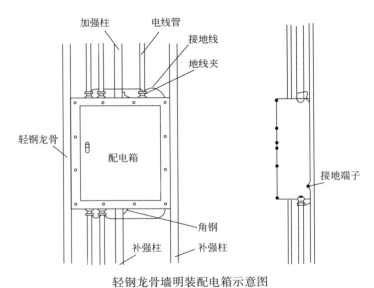

加强柱　电线管
接地线
地线夹
轻钢龙骨
配电箱
角钢
补强柱　补强柱
接地端子

轻钢龙骨墙明装配电箱示意图

轻钢龙骨墙明装配电箱现场图

工艺说明

1. 配电箱应固定在配电箱支架上，配电箱支架可生根在墙体主龙骨；嵌入墙体安装时，墙体龙骨应考虑避让箱体空间。

2. 框体和配电箱要与保护导体可靠连接，确保接地可靠。

3. 轻钢龙骨墙体安装完成后，方可明装配电箱；当暗装是箱体时，应考虑墙体建筑做法，与完成面平齐。

4. 配电箱安装完成应做成品保护，并悬挂不得随意碰撞的警示标志。

5. 配电箱应稳固且横平竖直，垂直度允许偏差不应大于1.5‰，相互间接缝不得大于2mm，成列盘面偏差不应大于5mm。

第二节 ● 电缆桥架安装

050201 桥架水平安装

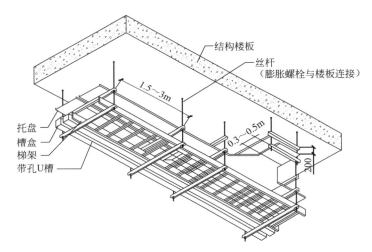

结构楼板

丝杆
（膨胀螺栓与楼板连接）

1.5～3m

托盘
槽盒
梯架
带孔U槽

0.3～0.5m

200

桥架水平安装示意图

桥架水平安装现场图

工艺说明

1. 桥架上下层净检修间距不应小于0.15m，并排安装达到0.8m宽时，应至少设置单侧维修空间，满足线缆敷设要求。

2. 上下布置桥架时，宜将同高桥架尽量放置在同层，以减小布置空间。

3. 强弱电敷设在同一桥架内时，应选用带金属隔板的桥架。

4. 金属桥架全长少于30m时，应不少于2处保护导体可靠连接，全长大于30m时，每隔20～30m增加一处接地连接点，非金属材质桥架可不接地。

5. 支架的选型应按照支架计算书或图集执行，如设计要求有抗震需求，需要按规范增设抗震支架。

6. 在穿越结构伸缩缝时，需设置满足伸缩长度的伸缩节。也可断开，断开长度不小于伸缩缝宽度，两端均需做等电位联结，并能够满足伸缩要求。

7. 所有固定螺钉在桥架内侧应是圆头或沉头，避免尖锐的凸起划伤线缆，且应与桥架材质相同，避免电化学腐蚀。

8. 户外桥架应配备"人"字形盖板和泄水孔，且户外及潮湿场所的跨接线不应使用铜编织带。

9. 标识应喷涂在易观察部位，间隔20m喷涂一处，在分支和转弯处增加。

050202 桥架竖向安装

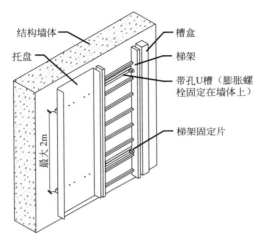

结构墙体

托盘

最大2m

槽盒

梯架

带孔U槽（膨胀螺栓固定在墙体上）

梯架固定片

桥架竖向安装示意图

桥架竖向安装现场图

工艺说明

　　1. 竖向桥架支架应当固定在结构墙体或梁上，每个支架应不少于两点膨胀螺栓与墙体连接，桥架固定在支架上，支架应首尾平齐。

　　2. 竖向桥架应当选用带孔或者带有电缆固定架类型，全塑型电缆和控制电缆固定点间距不大于1m，其他电力电缆不大于1.5m。

　　3. 竖向桥架支架间距应在1.5～2m，在竖井内间隔3～5层应设置承重支架。

　　4. 桥架接地、螺栓连接要求同水平安装要求一致。

　　5. 在穿越隔震层时，需设置匹配隔震变形量的伸缩节。也可断开桥架，断开长度与隔震位移量同宽，并做等电位联结，等电位联结应能够满足隔震位移要求。

　　6. 标识应喷涂在易观察部位，竖向喷涂在正面中间位置即可。

050203 钢结构上桥架安装

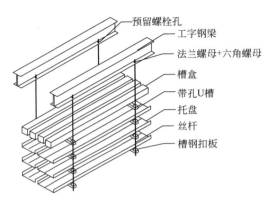

预留螺栓孔
工字钢梁
法兰螺母+六角螺母
槽盒
带孔U槽
托盘
丝杆
槽钢扣板

（a）支架与结构预留螺栓孔连接

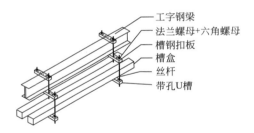

工字钢梁
法兰螺母+六角螺母
槽钢扣板
槽盒
丝杆
带孔U槽

（b）支架采用抱框与结构连接

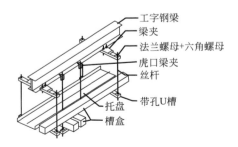

工字钢梁
梁夹
法兰螺母+六角螺母
虎口梁夹
丝杆
带孔U槽
托盘
槽盒

（c）支架采用成品梁夹与结构连接

钢结构上桥架安装示意图

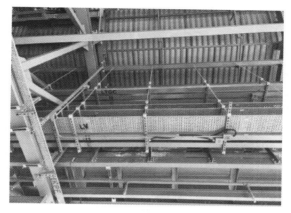

钢结构上桥架安装现场图

工艺说明

　　1. 桥架应当紧靠马道安装，安装宽度应在800mm以内，布置高度宜在马道面2000mm以内，方便维修。

　　2. 部分无法贴近马道布置的桥架，宜在天花面500mm以内，在天花下能够检修。

　　3. 当钢结构跨度无法满足支架间距，可以通过增加次梁或采用桥式支架满足支架间隔，次梁设置宜采用吊挂形式。

　　4. 在屋顶上下翻弯，应尽量斜角翻弯，相较竖向支架设置简单。

　　5. 桥架、支架和钢结构之间能够满足等电位联结要求。

050204 桥架穿墙体防火封堵

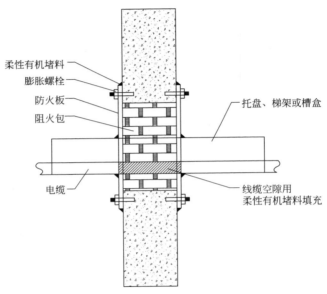

桥架穿墙体防火封堵示意图

桥架穿墙体防火封堵现场图

工艺说明

　　1. 管线穿越防火分区隔墙时，应有与墙体防火等级匹配的防火封堵，桥架防火分区隔墙两侧应涂刷防火涂层，以达到防火分隔要求。

　　2. 用柔性堵料在电缆上包裹一层，填平电缆间缝隙。

　　3. 阻火包填充时，应把阻火包整理平整，然后交叉堆砌在金属线槽四周空隙，要求封堵密实，与墙面齐平，以对侧不见光为宜。

　　4. 填充完后，两侧用无机防火隔板进行夹封，防火板大小依照洞口大小每边大于洞口 50mm，用膨胀螺栓与墙体固定。

　　5. 电缆桥架穿墙处和无机防火隔板间的缝隙，用柔性堵料进行填充封堵，并做成规则状线脚，横平竖直，宽度一致。

050205 桥架穿楼板防火封堵

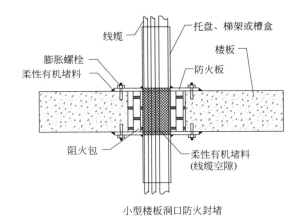

小型楼板洞口防火封堵

大型楼板洞口增设金属网架

桥架穿楼板防火封堵示意图

桥架穿楼板防火封堵现场图

工艺说明

1. 桥架穿越防火分区隔墙时，应设置与墙体防火等级匹配的防火封堵。

2. 孔洞较大时使用金属网架承重。金属网架采用 $\phi6$ 圆钢或 $25mm×3mm$ 扁钢制作，网架不大于 $100mm×100mm$，交叉点用绑扎丝固定，金属网架刷防火涂料。金属网架与楼板搭接处采用钢钉加绑扎丝固定，确保牢固。

3. 无机防火隔板用膨胀螺栓固定在洞口下方，防火板大小依照洞口大小每边大于洞口 $50mm$。

4. 线缆中的间隙采用柔性有机堵料封堵，再用阻火包填满线槽，后盖上线槽盖。

5. 阻火包整理平整，交叉堆砌在孔洞内。封堵密实，与挡水台齐平，以对侧不见光为宜。

6. 桥架与无机防火板间以及防火板拼缝间隙，用柔性堵料进行填充封堵，并做成规则状线脚，横平竖直，宽度一致。

050206 网格桥架安装

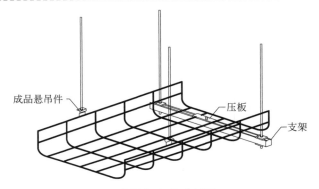

网格桥架安装示意图

（标注：成品悬吊件、压板、支架）

机柜下网格桥架安装现场图

工艺说明

1. 网格桥架布置在架空地板下，布置路径应在架空地板立柱空挡，支架宜固定在地面。

2. 网格桥架根据安装需要，应当选用成品附件，形成完整框架结构。

3. 网格桥架支架可选用成品悬吊件、托臂和吊架等，成品相对美观。

4. 在机柜上方固定时，其机柜框应在设计时考虑桥架荷载。

5. 支架间距应按照网格桥架尺寸设置，宜根据厂家要求执行，最大不应超过2m。

第三节 ● 电气配管

050301 现浇混凝土内配镀锌钢管（有自由旋转端）

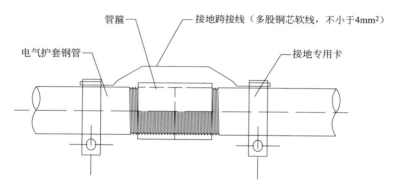

管箍　　接地跨接线（多股铜芯软线，不小于4mm²）

电气护套钢管　　接地专用卡

现浇混凝土内配镀锌钢管（有自由旋转端）示意图

现浇混凝土内配镀锌钢管（有自由旋转端）现场图

工艺说明

1. 镀锌钢管、接地卡、接地跨接线等材料合格。

2. 接地线为截面面积不小于 $4mm^2$ 的多股铜芯软线。

3. 接地卡端多股铜芯软线应涮锡处理。

4. 连接管在管箍内应拧紧、靠牢、对齐，不留间隙。

5. 连接钢管的外露丝扣为 2～3 扣。

6. 钢管的管口套丝后需清理毛刺，防止划伤导线绝缘层。

7. 管路宜沿最近路线敷设，并尽量减少弯曲。

8. 导管表面埋设深度与建筑物、构筑物表面的距离不小于 15mm。

9. 钢管接地施工完毕后，应对接地线路进行电阻测试，确保接地效果良好。

050302 现浇混凝土内配镀锌钢管（无自由旋转端）

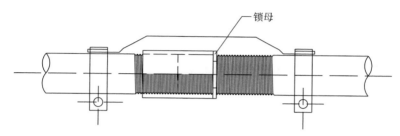

锁母

现浇混凝土内配镀锌钢管（无自由旋转端）示意图

工艺说明

1. 镀锌钢管一端套长丝，先将管箍及锁母安装至长丝端。

2. 将两根管端对齐，将管箍旋至另一根管端，使两根管接口处位于管箍中部。

3. 回拧防松锁母。

4. 其余要求同"现浇混凝土内配镀锌钢管（有自由旋转端）"项。

050303 砌筑墙内配镀锌钢管

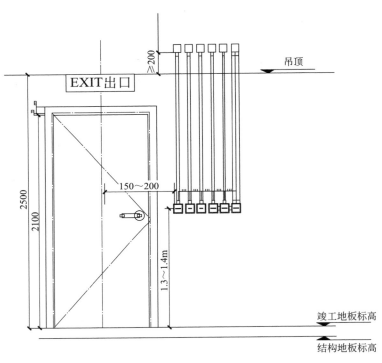

砌筑墙内配镀锌钢管示意图

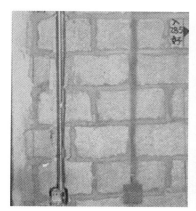

砌筑墙内配镀锌钢管现场图

工艺说明

1. 配管前，需要土建打灰并确定墙体抹灰厚度，同时给出标高线。

2. 根据图纸，用不同颜色在墙面标注不同系统需要开槽的尺寸、位置。

3. 砌筑墙体应采用专用开槽机开槽，严禁使用大锤及凿子开槽。

4. 未经设计同意，不得在墙体上开凿水平沟槽。

5. 槽内导管需固定，间距可参考混凝土配管固定间距。

050304 镀锌钢管与接线盒连接

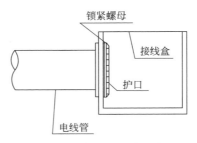

锁紧螺母

接线盒

护口

电线管

镀锌钢管与接线盒连接示意图

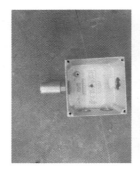

镀锌钢管与接线盒连接现场图

工艺说明

1. 镀锌钢管与接线盒连接分为锁母及锁扣两种。

2. 暗埋接线盒（含灯头盒）根据管径和位置将相应的预制敲落孔敲落，严禁盒体有剩余孔洞。

3. 钢管在线盒内外壁均设锁母，盒内部分剩余 1～2 扣螺纹，盒外剩余 2～3 扣螺纹。

4. 接地线为截面面积不小于 $4mm^2$ 的多股铜芯软线，管端用专用接地卡，固定在接线盒专门接地孔处。

5. 扫管后穿线前务必在管口加装塑料护口，防止划伤导线。

050305 现浇混凝土内配镀锌钢管

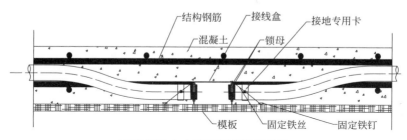

现浇混凝土内配镀锌钢管示意图

现浇混凝土内配镀锌钢管现场图

工艺说明

1. 线盒内应灌满锯末、泡沫等轻质材料与模板接触面应用胶带等做好封堵。

2. 线盒应用固定铁丝和铁钉在模板上固定牢靠，不应与钢筋固定，防止调整钢筋时将线盒与模板分离。

3. 根据需要选用不同深度的接线盒（含灯头盒）。

4. 其余要求同"镀锌钢管与接线盒连接"项。

050306 镀锌钢导管穿出定型钢模板

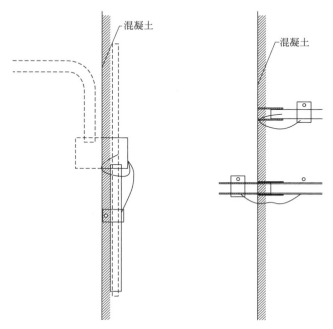

镀锌钢导管穿出定型钢模板示意图

工艺说明

1. 镀锌钢导管穿出定型钢模板时有两种方法，一是用线盒紧贴模板，二是管箍紧贴模板。

2. 专用的跨接地线应一端与盒或管跨接牢靠，另一端留好富余长度（5～15cm），塞入盒内或管内，封堵严密，超出成形混凝土面2～3mm，与钢模板顶紧；线盒或管箍均应做好封堵，防止进入混凝土。

3. 模板拆除后，及时找出预埋的盒或管口，将管线接出，并用跨接地线做好联结。

050307 焊接钢导管防锈处理

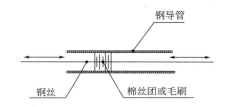

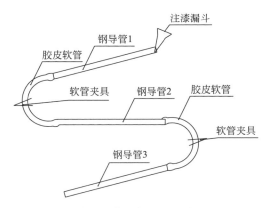

焊接钢导管防锈处理示意图

工艺说明

1. 焊接钢导管按照规范规定做好防腐处理，现浇混凝土内普通焊接钢导管按照规范规定外壁可以不做防锈防腐处理，但内壁应进行防锈防腐处理。

2. 内外壁均做防腐处理的钢导管可浸入漆槽进行防腐。

3. 仅内壁需防腐时，钢导管量较少时一般采用穿拉棉丝团或毛刷，钢导管量较大时采用灌注防锈漆办法。

4. 在进行涂刷防锈漆前应将刷漆部位浮锈清理干净。

050308 钢管煨弯

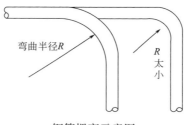

钢管煨弯示意图

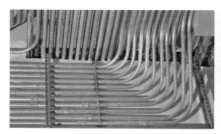

钢管煨弯现场图

工艺说明

1. 弯管过程中应注意，弯曲处不要有折皱、凹穴和裂缝等现象，弯扁程度不应大于管外径的10％。

2. 埋设于混凝土内的导管的弯曲半径不宜小于管外径的6倍，当直埋于地下时，其弯曲半径不宜小于管外径的10倍。

3. 整排导管在转弯处为保证美观应弯成同心圆，最内侧导管应符合弯曲半径要求。

050309 电气护套管穿越变形缝处连接

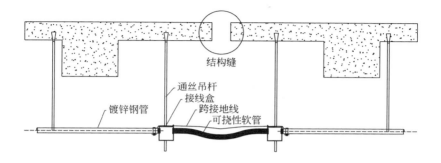

结构缝

通丝吊杆
接线盒
镀锌钢管
跨接地线
可挠性软管

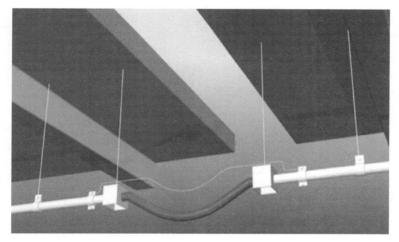

电气护套管穿越变形缝处连接示意图

工艺说明

1. 敷设钢管穿越结构缝（含沉降缝、伸缩缝等）时，应增加可挠性软管过渡处理，可挠性软管长度应大于预留缝的最大变形长度。

2. 钢管两端要做好跨接接地处理。

050310 焊接钢管敷设

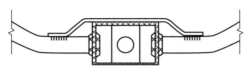

焊接钢管敷设示意图

焊接钢管敷设现场图

工艺说明

1. 敷设于混凝土内焊接钢管内壁须防腐处理。

2. 接线盒和管接头处丝扣连接须做跨接接地，管接头处是焊接连接则无须再进行跨接接地。

3. 跨接地线可采用 $\phi4 \sim \phi6$ 的圆钢，进行现场焊接跨接，采用双面焊接，焊缝长度不小于6倍圆钢直径。

050311 混凝土内钢管敷设注意要点

混凝土内钢管敷设注意要点现场图

工艺说明

1. 保持管距均匀，管与管外壁间距一般不小于管外径。

2. 防止管与管外壁间距过小影响混凝土浇筑和楼板混凝土强度。

3. 线管及线盒应与钢筋牢靠固定，线盒做好临时封堵。

050312 镀锌钢导管

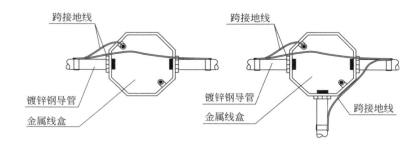

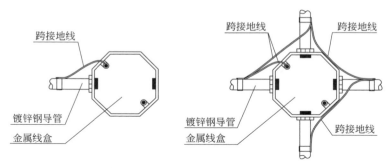

镀锌钢导管与盒跨接地线示意图

镀锌钢导管与盒跨接地线现场图

工艺说明

1. 镀锌钢导管进盒跨接地线宜采用专用接地卡跨接，不应采用熔焊连接。

2. 专用接地卡跨接的两卡间与盒之间连线为铜芯软导线，截面积不小于 $4mm^2$。

3. 检查跨接地线无松动、无遗漏现象，地线压接处应打回勾。

4. 管与管、管与盒的跨接地线，严禁利用盒体自身作为导体进行跨接，接地导线跨接、压接部位严禁断头，端头应整体涮锡。

050313 预埋电管成品保护

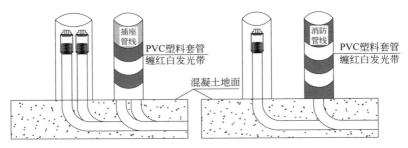

预埋电管成品保护示意图

预埋电管成品保护现场图

工艺说明

1. 楼板上电气预埋管线完成后，进行电管的成品保护：根据现场电管预留长度，加工同样长度的 PVC 塑料套管，套管的直径大小应根据预留电管的根数及直径选配，套管套上后无松动即可。

2. PVC 塑料套管为保证能够明显可见并且方便配接，应在套管外壁侧缠上红白相间发光带及粘贴电管的系统回路标识，写明电管的系统名称。

3. 发光带的尺寸为：红色 10cm、白色 10cm。

4. 电气保护管管口应做好封堵。

050314 KZ管用于一次结构预埋

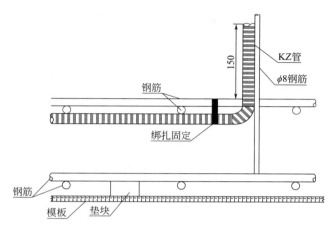

150

KZ管

φ8钢筋

钢筋

绑扎固定

钢筋

模板　垫块

KZ管用于一次结构预埋示意图

KZ管用于一次结构预埋现场图

工艺说明

1. KZ管用在一次结构预埋中，应预埋在底层钢筋和上层钢筋之间，并紧贴上层钢筋绑扎敷设，绑扎固定点间距不大于1000mm。

2. 根据点位间的距离截取相应长度KZ管，用锉刀锉铣管口，保证管口光滑无毛刺。

3. 绑扎固定点间距不大于1000mm，弯曲半径不小于管径外径的10倍。

050315 KZ 管用于二次结构暗配

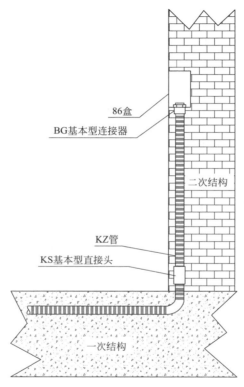

86盒

BG基本型连接器

二次结构

KZ管

KS基本型直接头

一次结构

KZ 管用于二次结构暗配示意图

KZ管用于二次结构暗配现场图

工艺说明

　　1. KZ管应用在二次结构暗配中，在二次结构墙体上弹出导管开槽线，用云石机沿线切出管槽，垂直敷设剔槽宽度不宜大于管外径5mm，开槽深度应符合导管敷设完成后距墙体完成面不小于15mm，消防管路不应小于30mm。

　　2. 导管进盒处采用BG基本型接线箱连接器与箱、盒连接，导管采用SP固定卡每间隔1m固定牢固，弯曲半径不小于管外径的6倍。

　　3. 管、盒安装完成后，采用不低于C15水泥砂浆将管槽抹平，并做防裂措施。

050316 混凝土内 PVC 管敷设注意要点

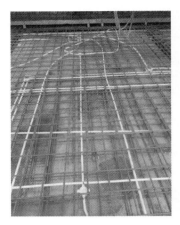

混凝土内 PVC 管敷设现场图

混凝土内 PVC 线盒固定现场图

工艺说明

1. PVC 管道切割应使用 PVC 管剪刀或者钢锯条。

2. 暗埋 PVC 管弯曲半径应大于 6 倍管的外径。

3. 直径小于 32mm 的管道可采用冷煨或热煨，直径大于 32mm 时应使用成品弯头。冷煨应采用弹簧弯管器冷煨，热煨宜采用热风枪或电炉热煨。

4. 混凝土内暗埋 PVC 线盒时，PVC 线盒应采用铅丝和钢钉搭配与模板固定牢靠。

5. 导管连接时，采用 PVC 胶水涂抹导管接头内侧和导管连接部位的外侧，涂抹均匀后，立即将导管插入接头后不要转动，保持 15s 不动，即可粘连牢固。

050317 镀锌钢管入接线盒做法

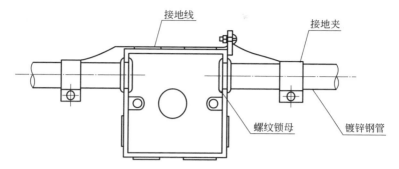

接地线　接地夹　螺纹锁母　镀锌钢管

镀锌钢管入接线盒做法示意图

镀锌钢管入接线盒做法现场图

工艺说明

1. 注意镀锌钢管入盒位置外露2扣，并保证盒内外均拧螺纹锁母。

2. 接线盒两侧（或三侧）的镀锌钢管跨接黄绿双色地线，规格选用 $4mm^2$，同时保证跨接地线连接接线盒及每根管路。

3. 明敷设时，管口要上护口；暗敷设时，管口要上塑料管堵。

050318 焊接钢管入接线盒做法

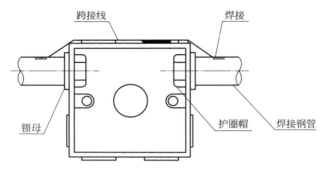

焊接钢管入接线盒做法示意图

焊接钢管入接线盒做法现场图

工艺说明

1. 注意焊接钢管入盒位置外露2扣，并保证盒内外均拧螺纹锁母。

2. 接线盒两侧（或三侧）的镀锌钢管焊接圆钢跨接地线，规格选用 $\phi6$，同时保证跨接地线连接接线盒及每根管路。

3. 明敷设时，管口要上护口；暗敷设时，管口要上塑料管堵。

050319 JDG 管连接做法

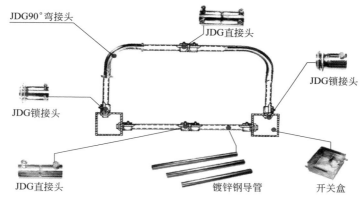

JDG 管连接做法示意图

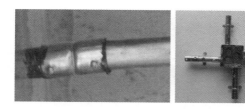

JDG 管连接做法现场图

工艺说明

1. JDG 管的切断应采用无齿锯或钢锯进行，确保端口光滑、无毛刺。

2. 注意要在直管接头部位涂抹导电膏，目的是保证接地的连续。

3. 紧定式连接处应牢固，连接件紧定旋转锁钮应处于可视部位。

4. 管与接线盒之间的连接：将爪形螺母放置在接线盒的内壁面上，分别拧紧爪形螺母和六角螺母，使管和接线盒内外夹紧，随后按照管与管连接的方法将导管和直管的接头连接好。

050320 焊接钢管圆钢跨接地线做法

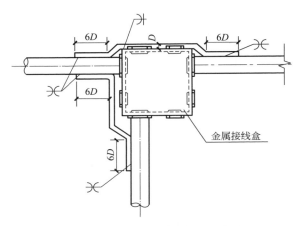

焊接钢管圆钢跨接地线做法示意图

金属接线盒

焊接钢管与接线盒
用锁母固定，接地
跨接焊接长度符合
规范要求

焊接钢管圆钢跨接地线做法现场图

工艺说明

1. 跨接做法如图所示，D 为圆钢直径。

2. 圆钢需要双面施焊，焊接长度要求如图所示。

050321 焊接钢管连接做法

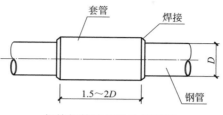

焊接钢管连接做法示意图

焊接钢管连接做法现场图

工艺说明

　　1. 焊接钢管连接做法如图所示，D 为焊接钢管公称直径。

　　2. 套管选择比焊接钢管大一号的焊接钢管。

　　3. 套管长度为焊接钢管直径的 1.5～2 倍。

　　4. 将焊接钢管在套管长度中心位置处顶紧，后将套管两端满焊。

050322 钢管利用抱式管卡明装做法

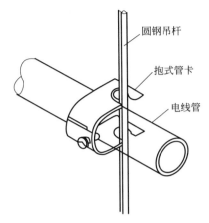

圆钢吊杆

抱式管卡

电线管

钢管利用抱式管卡明装做法示意图

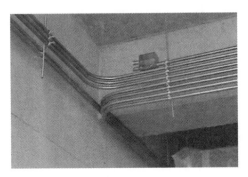

钢管利用抱式管卡明装做法现场图

工艺说明

1. 做法如图所示。

2. 注意将螺栓拧紧顶实。

050323 钢管利用弹簧钢片卡明装固定做法

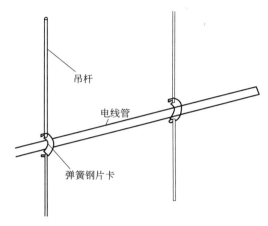

吊杆

电线管

弹簧钢片卡

钢管利用弹簧钢片卡明装固定做法示意图

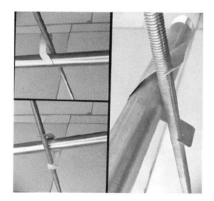

钢管利用弹簧钢片卡明装固定做法现场图

工艺说明

　1. 做法如图所示。

　2. 吊杆注意竖直，弹簧钢片卡与钢管配套。

050324 明装与暗装接线盒转换做法

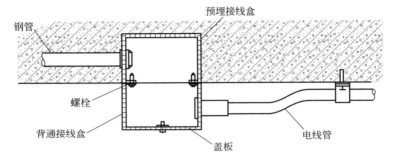

明装与暗装接线盒转换做法示意图

明装与暗装接线盒转换做法现场图

工艺说明

　　1. 做法如图所示。

　　2. 利用一背通接线盒作为转换进行连接即可。

　　3. 暗装接线盒与背通接线盒（明盒）要做好可靠电气连接，保证接地全程连续。

050325 焊接钢管在现浇混凝土中暗配做法

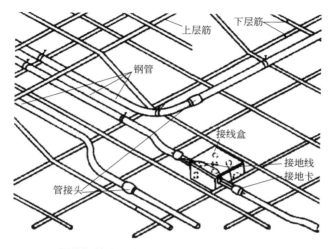

焊接钢管在现浇混凝土中暗配做法示意图

焊接钢管在现浇混凝土中暗配做法现场图

工艺说明

1. 做法如图所示。

2. 钢管用绑丝绑扎于下层钢筋上，且保证导管距离构筑物表面距离不小于15mm，消防电系统导管距离构筑物表面距离不小于30mm。

3. 暗配时弯曲半径不小于外径的6倍，直埋时不小于外径的10倍。电缆导管弯曲半径不应小于电缆最小允许弯曲半径。

050326 双跑楼梯配管做法

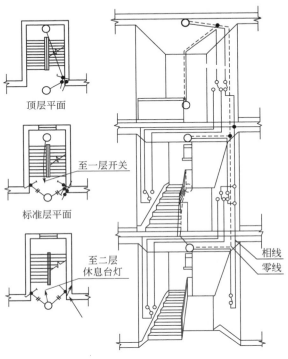

顶层平面

标准层平面

至一层开关

至二层
休息台灯

相线
零线

双跑楼梯配管做法示意图

工艺说明

  1. 做法如图所示。

  2. 电源线管路沿楼梯间踏步敷设，开关线管路沿楼梯间墙体敷设，既满足规范，同时又可以满足敷设实际要求。

050327 三跑楼梯配管做法

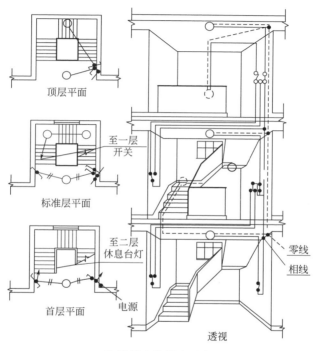

顶层平面

标准层平面

首层平面

至一层开关

至二层休息台灯

电源

零线

相线

透视

三跑楼梯配管做法示意图

工艺说明

1. 做法如图所示。

2. 电源线管路沿楼梯间踏步敷设，开关线管路沿楼梯间墙体敷设，既满足规范要求，同时又可以满足敷设实际要求。

050328 明、暗配管及槽盒连接

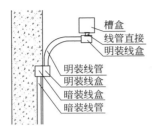

明、暗配管及槽盒连接示意图

槽盒
线管直接
明装线盒
明装线管
明装线盒
暗装线盒
暗装线管

明配管与槽盒连接现场图

明、暗配管及槽盒连接现场图

工艺说明

1. 明、暗配管通过接线盒连接，接线盒高度统一。

2. 明管与槽盒通过接线盒连接，接线盒设在槽盒下方或两侧。

3. 接线盒与墙、槽盒连接紧固。

4. 明、暗管与槽盒接地导通。

050329 机房内管路明装

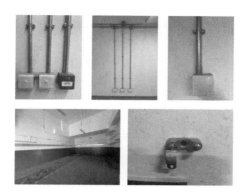

机房内管路明装现场图

管卡间的最大距离

敷设方式	导管种类	导管直径（mm）			
		15～20	25～32	40～50	65 以上
		管卡间最大距离（m）			
支架或沿墙明敷	壁厚＞2mm 刚性钢导管	1.5	2.0	2.5	3.5
	壁厚≤2mm 刚性钢导管	1.0	1.5	2.0	—
	刚性塑料导管	1.0	1.5	2.0	2.0

工艺说明

1. 水平或垂直敷设的明配电线保护管，其水平或垂直安装的允许偏差值为 1.5‰，但全长的偏差不得超过管内径的 1/2。

2. 明配管固定宜使用马鞍卡，排列整齐，固定间距均匀，安装牢固。

3. 在距离终端、弯头中点或柜、台、箱、盘边缘 150～500mm 范围内应设有固定管卡，中间直线段固定管卡间的最大间距应符合上表规定。

4. 明配管采用的接线或过渡盒（箱）应选用明装盒（箱）。

050330 吸顶配管

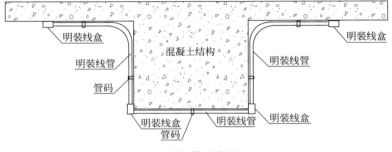

吸顶配管示意图

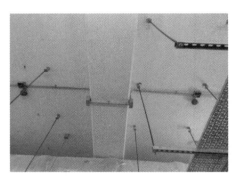

吸顶配管现场图

工艺说明

　　1. 按照导管横平竖直的原则，沿导管的垂直和水平方向进行顶板、墙壁的弹线定位。

　　2. 导管采用管卡固定。

　　3. 过梁处增加过线盒，导管与线盒底部连接。

　　4. 两个线盒间的管段不应设置超过90°的弯。

第四节 ● 槽板安装及配线

050401 槽板安装及配线

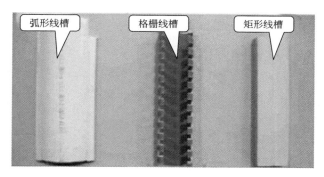

槽板安装及配线现场图

槽板实物图

工艺说明

　　1. 槽板形状用途分：弧形槽板、隔栅槽板、矩形槽板。一般弧形多用于地面；隔栅多用于电气控制线路如机房控制室；矩形多用于墙面等。

　　2. 塑料槽板应采阻燃材质的。

050402 槽板安装及配线

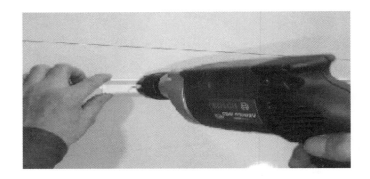

槽板安装及配线现场图

工艺说明

　　槽板底固定：每节槽板两端的固定点一般为5～10mm，中间固定点为30～50mm，在线槽宽度超过50mm时固定点应为并排2个。

050403 槽板安装及配线（一）

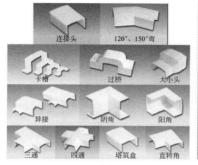

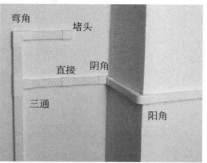

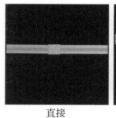

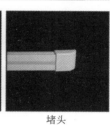

直接　　　　平转　　　　堵头

三通　　阳角（凸出来的墙角）　阴角（凹进去的墙角）

槽板安装示意图

工艺说明

采用专用的弯头、三通，插接严密。

槽板终端用终端头封堵。

050404 槽板安装及配线（二）

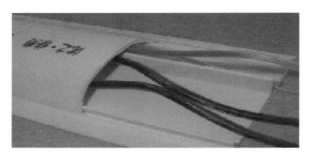

槽板内配线现场图

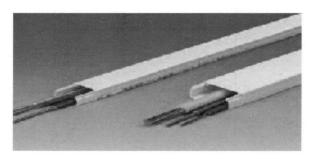

槽板内配线示意图

工艺说明

1. 导线敷设：敷设导线应以一分路一条槽板为原则，槽板内不允许有导线接头，以减少隐患，如必须要有接头时要加接线盒。

2. 导线敷设到用电设备时需要留足够预留长度，并在线段上做好统一标记，以便于接线时的识别。

050405　托盘内配线

托盘内配线现场图

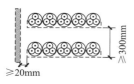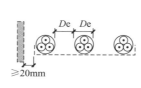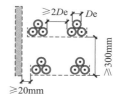

托盘内配线示意图

工艺说明

1. 托盘内电缆敷设，应考虑散热和电缆相互电磁感应灯影响（示意图中 De 表示电缆公称外径）。

（1）左图密布电缆上下间距要求如图。

（2）中图多芯电缆间距不小于电缆外径。

（3）右图单芯电缆考虑电磁感应呈三角码放，其间距不小于 2 倍电缆外径。

2. 电缆固定：

（1）电缆在托盘上的固定可使用电缆夹具或束带，夹具或束带需为有金属内芯及塑料外套的产品，同时保证牢固耐用及防止破坏电缆绝缘层。

（2）线缆绑扎的间距水平托盘内平均 1.5m，竖向托盘内平均 1m，弯头位置适当增加。

第五节 ● 钢索安装及配线

050501 钢索安装

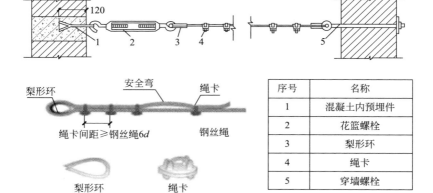

序号	名称
1	混凝土内预埋件
2	花篮螺栓
3	梨形环
4	绳卡
5	穿墙螺栓

钢索安装示意图

工艺说明

1. 钢索配线一般适用于屋架较高，跨距较大，而灯具安装高度又要求较低的工业厂房内。

2. 预埋件埋设深度不应小于120mm；终端拉环直径不应小于8mm，末端钢板不小于120mm×60mm×6mm。

3. 钢索布线用的钢绞线和圆钢的截面，应根据跨距、荷重、机械强度选择。采用钢绞线时最小截面不宜小于10mm^2；采用镀锌圆钢作为钢索，直径不应小于10mm。应优先使用镀锌钢索，不应采用含油芯的钢索，钢索的单根钢丝的直径应小于0.5mm。在潮湿或有腐蚀性介质及易贮纤维灰尘的场所，应使用塑料护套钢索。

4. 绳卡的固定间距不小于6倍钢丝绳外径。

050502 钢索配线

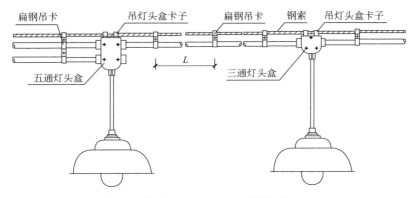

注：1. 钢索吊钢管时，$L \leqslant 1500mm$；吊塑料管时，$L \leqslant 1000$。
　　2. 扁钢吊卡厚度为1mm。
　　3. 线管材料及灯型选择见设计图要求。
　　4. L——钢索扁钢吊卡间距。

钢索吊管安装示意图

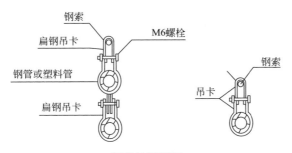

钢索吊管剖图

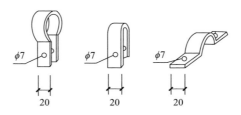

各种吊卡示意图

工艺说明

1. 扁钢卡子的宽度不应小于20mm，再用管卡将管子固定在吊卡上。在灯位处的钢索上，安装吊盒钢板，用来安装灯头盒。灯头盒两端的钢管，应跨接接地线。

2. 钢索吊瓷柱配线在钢索上安装瓷柱的吊卡根据敷设导线的不同，有6线、4线和2线等几种形式。

3. 钢索吊塑料护套线配线，敷设时从钢索的一端开始，可以用铝片将导线直接扎紧在钢索上，铝片卡间距不应大于50mm，要在距接线盒不大于100mm处进行固定。

4. 在钢索上敷设导线及安装灯具后，钢索的弛度不应大于100mm。

第六节 ● 灯具安装

050601 单/双管荧光灯使用吊杆安装

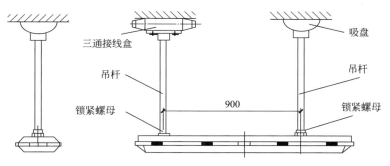

三通接线盒

吊杆

锁紧螺母

吸盘

吊杆

锁紧螺母

900

单/双管荧光灯使用吊杆安装示意图

单/双管荧光灯使用吊杆安装现场图

工艺说明

　　1. 成排或对称及组成几何图案的灯具安装前应进行测量画线。吊杆长度需根据安装高度进行选用。灯具吊管螺纹啮合扣数不少于5扣。

　　2. 灯具软线加工后与灯座连接好，将一端穿入吊杆内，由拖碗穿出导线露出吊杆管的长度不应小于150mm。

　　3. 采用钢管做灯具的吊杆时钢管内径一般不小于10mm，壁厚不小于1.5mm。

　　4. 灯具导线导线电压等级不低于交流500V，引向每个灯具的导线线芯最小不小于$1.0mm^2$。连接灯具的软线应盘扣、搪锡压线。灯具的保护接地线应与灯具的专用接地螺丝可靠连接。

　　5. 灯具安装完成后，应使用盖板对裸露的接线盒进行封堵。

050602 单/双管荧光灯使用吊链安装

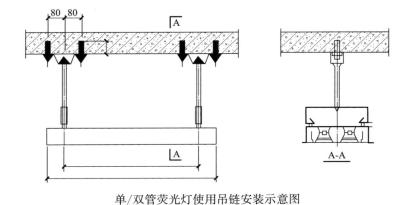

80 80

A

A

A-A

单/双管荧光灯使用吊链安装示意图

单/双管荧光灯使用吊链安装现场图

工艺说明

　　1. 成排或对称及组成几何图案的灯具安装前应进行测量画线。

　　2. 根据灯具的安装高度进行组装，截取好灯具电源线长度并两端涮锡（灯具电源线一般为多股软线），将吊链挂在灯箱挂钩上。

　　3. 吊链式灯具的吊链应使用法兰盘、镀锌铁链或RVVG承载电线等配套产品，吊链灯的灯具不应受拉力，灯具电源线必须与吊链编插在一起。

　　4. 灯具电源线由灯架出线孔穿出灯架，在灯架的出线孔处套上软塑料管以保护导线，电源线与吊链叉编在一起穿入上法兰，应注意电源线中间不应有接头。

　　5. 灯具安装完成后，应使用盖板对裸露的接线盒进行封堵。

050603 LED 灯吸顶安装

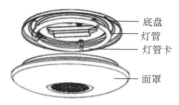

①检查主部件。
(安装前请拆下灯管塑件处的捆扎线)

底盘
灯管
灯管卡

面罩

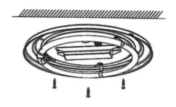

②用螺钉将底盘固定于天花板。

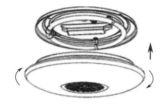

③将面罩对准底盘顺时针旋转卡紧即可。

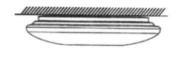

④安装完毕，开灯体验灯具光效。

LED 灯吸顶安装示意图

工艺说明

　　1. 小于 3kg 的小型吸顶灯具，根据预埋的螺栓和灯头盒位置，将导线连接并包好绝缘，将导线塞入灯头盒内，然后把托板安装孔对准预埋螺栓，使托板四周和顶棚贴紧，用螺母将其拧紧，调整好灯口。

　　2. 3kg 以上灯具必须采用膨胀螺栓或镀锌预埋吊钩固定牢固。

　　3. 每个灯具用于固定的螺栓或螺钉不应少于 3 个，且灯具的重心要与螺栓或螺钉的固定重心相吻合。

050604 单管荧光灯壁挂安装

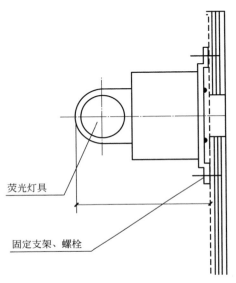

荧光灯具

固定支架、螺栓

单管荧光灯壁挂安装示意图

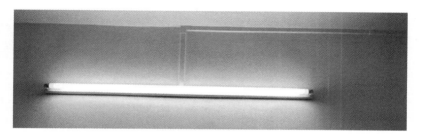

单管荧光灯壁挂安装现场图

工艺说明

1. 根据壁灯尺寸确定固定底座尺寸，将底座固定好后，四周留出的余量要对称。

2. 将灯头线与电源线在接线盒内连接好后包好绝缘胶布，将 PE 线压在壁灯专用接地螺栓上，将接头塞入接线盒内。

3. 将壁灯与底座固定，并要紧贴墙面，并使其平正不歪斜，最后配好灯伞或灯罩。

4. 安装在室外的壁灯应打好泄水孔。

050605 埋地灯安装

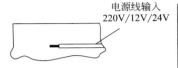

电源线输入
220V/12V/24V

1. 先挖一个略大于塑料桶（底盒）的孔

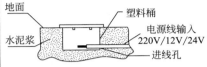

地面
塑料桶
电源线输入
220V/12V/24V
水泥浆
进线孔

2. 将电线传进塑料筒内，并用水泥浆埋好塑料桶

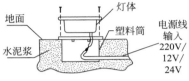

灯体
地面
塑料筒
水泥浆
电源线输入220V/12V/24V

3. 将电源线与光源线接好，并用螺栓把灯体锁紧于塑料筒上

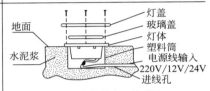

灯盖
玻璃盖
灯体
地面
塑料筒
电源线输入220V/12V/24V
水泥浆
进线孔

4. 将玻璃盖安放在灯体上，然后用螺栓把灯盖锁紧于灯体上

埋地灯安装示意图

埋地灯安装现场图

工艺说明

1. 在铺装面安装应根据灯具安装尺寸提前预留孔或后期开孔（圆形开可考虑水钻、方形可用云石锯）埋螺栓。

2. 使托板四周和地面贴紧，用螺母将其拧紧，调整好灯口。

3. 确认电线连接正确后安装光源，之后安放玻璃及密封圈。

4. 埋地灯安装应该着重考虑散热和排水。

050606 LED、节能面板灯嵌入式安装

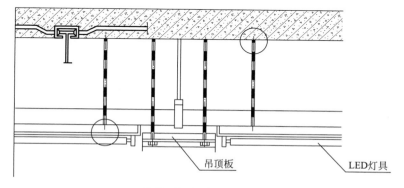

吊顶板　　　　　　LED灯具

LED、节能面板灯嵌入式安装示意图

LED、节能面板灯嵌入式安装现场图

工艺说明

  1. 根据天花排布及面板灯大小在吊顶板（矿棉板、石膏板或金属铝板）上提前预留好洞口或采用曲线锯开孔，灯具与吊顶面板保持一致平整。

  2. 小型灯具可安装在龙骨上，大型嵌入式灯具安装时则应采用在混凝土板上固定的支承铁架、铁件连接的方法。

  3. 将面板灯安装在预留位置并连接好螺栓及吊板灯具支架固定好后，将灯箱固定在支架上，再将电源线引入灯箱与灯具的导线连接并包扎紧密。

  4. 灯罩的边框与罩面板或遮盖面板的板缝及与顶棚面板应贴紧。矩形灯具的边框边缘应与顶棚面的装修直线平行，如灯具对称安装时，其纵横中心轴线应统一直线上，偏斜不应大于 5mm。

050607 LED 筒灯嵌入式安装

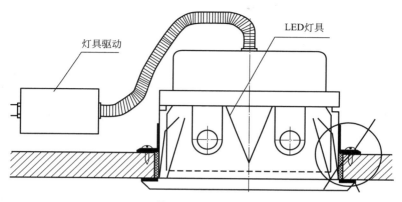

灯具驱动

LED灯具

LED 筒灯嵌入式安装示意图

LED 筒灯嵌入式安装现场图

工艺说明

1. 根据顶棚排布及面板灯大小在吊顶板（矿棉板、石膏板或金属铝板）上提前预留好洞口。

2. 将面板灯安装在预留位置，保持与吊顶平整。

3. 接通面板灯电源。

050608 嵌入灯具（明配管）安装

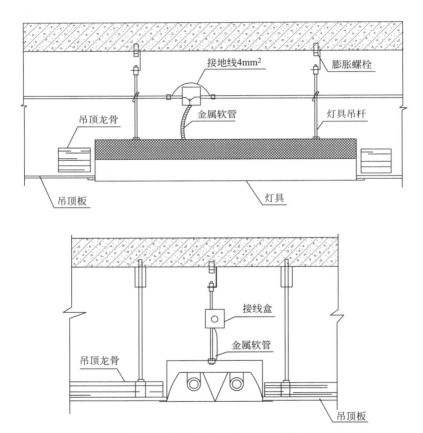

接地线4mm²

膨胀螺栓

吊顶龙骨

金属软管

灯具吊杆

吊顶板

灯具

吊顶龙骨

接线盒

金属软管

吊顶板

嵌入灯具（明配管）安装示意图

嵌入灯具（明配管）安装现场图

工艺说明

1. 吊杆一定要保证垂直及位置准确，以免灯具"跑偏"。

2. 灯具灯架安装时应用力均衡，否则容易造成灯架的变形，导致灯具安装完后有漏缝现象。

3. 通常要求格栅灯的尺寸和吊顶格尺寸配套。

050609 嵌入灯具（楼板内暗配管）安装

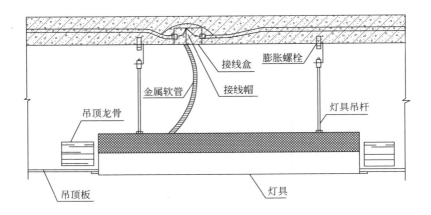

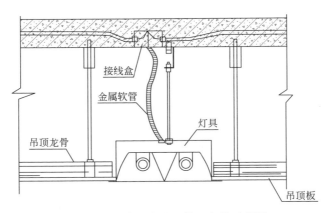

嵌入灯具（楼板内暗配管）安装示意图

嵌入灯具（楼板内暗配管）安装现场图

工艺说明

　　1. 嵌入式格栅灯应使用两根或四根吊杆，吊杆选用 φ8 圆钢或丝杆。

　　2. 灯具四周吊顶应保持水平，灯具与吊顶接触面平整，不应有间隙。

050610 筒灯安装

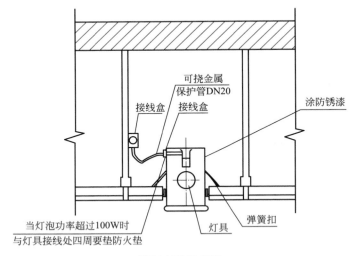

筒灯安装示意图

筒灯安装现场图

工艺说明

1. 天花板开孔根据灯具大小开孔，不能过大或过小。

2. 灯具四周吊顶应保持水平，灯具与吊顶接触面平整，不应有间隙。

050611 投光灯安装

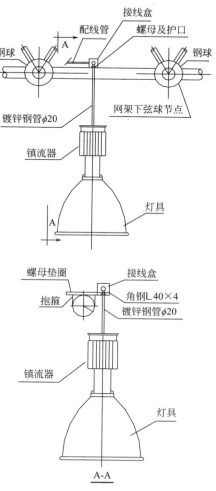

投光灯安装示意图

投光灯安装现场图

工艺说明

1. 投光灯的底座及支架应固定牢固（特殊情况下需要配备防坠落绳），枢轴应沿需要的光轴方向拧紧固定。

2. 投光灯光源外侧玻璃罩应带有镀锌或不锈钢防护网。

3. 采用钢管作灯具的吊杆时，钢管内径不应小于 10mm；钢管壁厚度不应小于 1.5mm。

050612 吸顶灯具安装

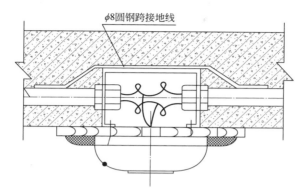

φ8圆钢跨接地线

吸顶灯具安装示意图

吸顶灯具安装现场图

工艺说明

1. 电气照明灯具的接线应牢固，电气接触应良好。

2. Ⅰ类灯具外露可导电部分或灯具其金属外壳（可触及的以及绝缘失效时可能变为带电的部件）必须用铜芯软导线与保护导体可靠连接。

3. 安装灯的地方一定要坚固耐力，避免在木质、易燃等地方（如无法避免易燃材质的顶棚，应控制灯具功率、选用散热材料、增加隔热层等措施，保证使用安全）。

050613 庭院灯安装

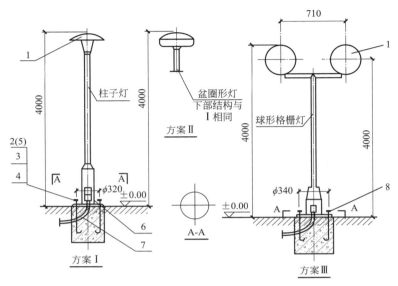

编号	名称	型号及规格	单位	数量					备注
				I	II	III	IV	V	
1	灯具	由工程设计确定	套	1	1	1	1	1	—
2	螺栓	M20×400	个	4	4	4	—	—	—
3	螺母	M20	个	8	8	8	8	—	—
4	垫圈	20	个	4	4	4	4	—	—
5	螺栓	M20×500	个	—	—	—	4	—	—
6	接线盒	由工程设计确定	个	1	1	1	1	1	—
7	钢管	由工程设计确定	根	1	1	1	1	1	—
8	膨胀螺栓	由工程设计确定	套	—	—	—	—	4	—

庭院灯安装示意图及材料表

庭院灯安装现场图

工艺说明

1. 庭院灯安装位置满足庭院布局和设计需求。

2. 庭院灯应安装牢固，不能因风雨等自然因素造成松动或脱落。

3. 庭院灯接线按规范进行，保证电路安全和稳定。

4. 庭院灯安装后进行调试和检查，保证照射角度和亮度，确保照明效果。

5. 庭院灯接地应符合规范要求，接地阻值应满足设计要求。

050614 室外泛光灯/投光灯安装

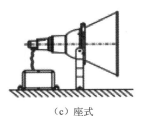

（a）壁挂式　　　　　　（b）吸顶式　　　　　　（c）座式

室外泛光灯/投光灯安装示意图

室外泛光灯/投光灯安装现场图

工艺说明

1. 基座式安装需根据灯具尺寸预埋埋件或制作混凝土基础。

2. 在墙面、顶板、基座定位。

3. 电锤开口，根据灯具重量选用适当的膨胀螺栓并拧入膨胀螺栓。

4. 上基座，接入电线，安装固定螺钉。

5. 灯具接线，并安装泛光灯、投光灯部件。

6. 绝缘摇测并检查需防水处的处理。

050615 LED 灯带安装

1米1单元，请在一米处剪断

请注意剪口平整

LED插口有正负，不亮请换边测试

LED插口

220V高压，请注意加尾塞

1米一个固定卡口

LED 灯带安装示意图

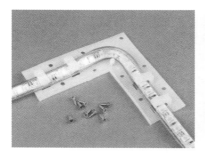

LED灯带安装实物图

工艺说明

1. 现场测量裁剪：现场测量后对 LED 灯带剪切时，需在印有剪刀标记处剪切。

2. 连接插头：连接灯带插头应确保正负极连接方向正确。

3. 灯带的摆放：灯带应先整理平整，采用专用灯带卡扣固定在灯槽内即可。

4. 灯带的末端：必须套上 PVC 尾塞，固定后再用中性玻璃胶封住接口四周，确保安全。

5. 户外安装常采用卡槽固定的方式，除上述工艺外，需在防水处用防水胶封住接口四周，加强连接点的防水效果。

050616 线槽灯安装

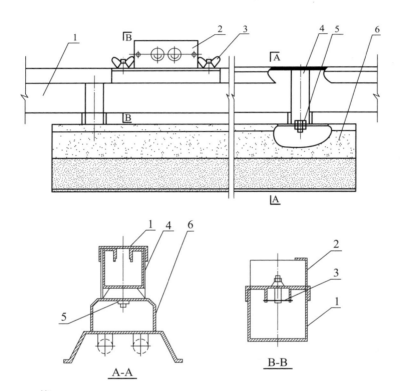

A-A

B-B

注:
1. 电源插座盒尺寸与线槽规格相配合,盒上可装单相或三相不同容量和个数的插座;
2. 电源插座盒的位置由工程设计确定;
3. 灯具电源引自电源插座盒。

线槽灯安装示意图及材料表(一)

编号	名称	型号及规格	单位	数量	备注
1	线槽	由工程设计确定	m	—	—
2	线槽电源插座盒	与线槽配套	个	1	—
3	梯形螺栓	与线槽配套	套	2	与编号2成套
4	线槽吊灯卡	与线槽配套	个	2	—
5	线槽专用螺母	与线槽配套	个	2	—
6	荧光灯具	由工程设计确定	套	—	—

线槽灯安装示意图及材料表（二）

线槽灯安装现场图

工艺说明

1. 线槽必须做可靠接地。

2. 线槽灯安装一般由吊框、桥架和灯具安装三部分组成。

3. 线槽安装：确保线槽横平竖直、整齐美观、固定牢固。

4. 灯具安装：灯具应紧贴线槽底部安装，使用不少于2个螺栓固定，正确连接电源线，灯具中心线偏差不大于5mm。

第七节 • 疏散指示灯安装

050701 疏散指示灯吊装

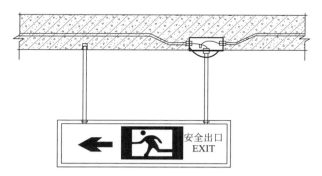

疏散指示灯吊装示意图（吊杆或吊链安装）

疏散指示灯吊装现场图（吊杆或吊链安装）

工艺说明

1. 疏散指示灯安装前应在吊顶板上安装位置处用电钻开孔，固定塑料圆木及穿引疏散指示电源线。

2. 将吊链固定在塑料圆木上，调整吊链保证疏散指示灯底边距地高度为 2.2～2.5m，同时保证两根吊链长度相等，疏散灯具横平竖直，不得歪斜。

3. 疏散指示灯吊链长度应保证电源线不承受拉力。

050702 疏散指示灯壁装

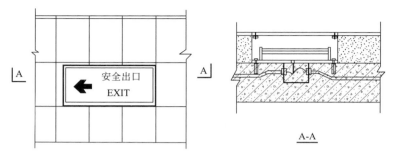

疏散指示灯壁装示意图

疏散指示灯壁装现场图

工艺说明

1. 根据预埋的螺栓和灯头盒位置，将导线连接并包好绝缘，将导线塞入灯头盒内。

2. 将疏散指示灯安装在预留位置并完全覆盖住底盒，保证疏散指示灯面板与墙壁贴紧，其突出墙面部分不得超过20mm。

3. 疏散灯具安装高度符合设计要求，灯具应横平竖直，不得歪斜。

050703 埋地疏散灯安装

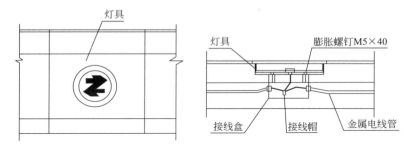

埋地疏散灯安装示意图

埋地疏散灯安装现场图

工艺说明

1. 安装方向应满足设计要求。

2. 进线位置及灯具顶部应做好密封处理，做好电线连接处密封和防水的处理。

3. 施工时要做好地下水的渗透，避免灯具和电线浸泡水中。

4. 在地埋灯装好后打开面盖，灯具点亮半个小时后盖上，避免灯具在使用过程中玻璃内层出现水雾。

5. 埋地灯具安装成排成线，确保埋地疏散灯整体美观、安全、有效安装，为人员疏散提供清晰的指示。

050704 疏散照明灯具安装

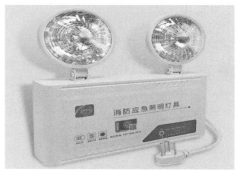

疏散照明灯具安装实物图

工艺说明

1. 应急灯的安装高度不低于 2.2m，当空间不足时吸顶安装。

2. 应急照明灯的照明范围应能覆盖整个疏散通道。

3. 安装完成后需要检查指示灯状态，并进行断电测试，疏散用应急照明的连续供电时间满足设计要求，一般不低于 90min。

050705 疏散标志灯安装

疏散标志灯安装现场图

工艺说明

1. 疏散标志灯安装在安全出口的顶部，楼梯间、疏散走道及其转角处应安装在1m以下的墙面上。

2. 不易安装的部位可安装在上部，疏散通道上的标志灯的间距不大于20m（人防工程不大于10m），转弯处应增设指示灯。

第八节 • 专业灯具安装

050801 航空障碍灯安装

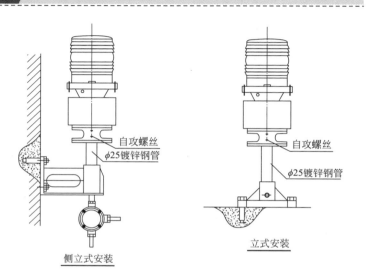

航空障碍灯安装示意图及材料表

编号	名称	型号及规格	单位	数量	备注
1	航空障碍灯	由工程设计确定	个	1	—
2	防水接线盒	由工程设计确定	个	1	—
3	镀锌钢管	DN20	m	—	由工程确定
4	六角螺钉	M12灯具配带	个	4	—
5	直立支架	灯具配带	个	1	—
6	螺栓	M20	个	4	由工程确定
7	侧立支架	灯具配带	个	1	—
8	10号工字钢	100×68×4.5	个	1	—
9	圆形抱箍	厚度2.5mm	个	1	—
10	夹板	厚度8mm	个	1	—

航空障碍灯安装现场图

工艺说明

　　1. 航空障碍灯的安装应符合设计要求，对于高层建筑，如果高度超过 100m，不仅顶部会安装航空障碍灯，中间层也会安装，以显示建筑物的轮廓。

　　2. 航空障碍灯的支架应预埋，避免对防水层造成影响，若无法预埋应做好防水处理。

　　3. 航空障碍灯安装牢固可靠，进线位置应做好密封处理。

　　4. 安装在楼顶女儿墙上的航空障碍灯应高出女儿墙上的避雷带，且在避雷针保护外侧。在航空障碍灯附近的避雷带上补加一小避雷针，以保护航空障碍灯不受雷击。

050802 航道助航灯光立式灯具安装

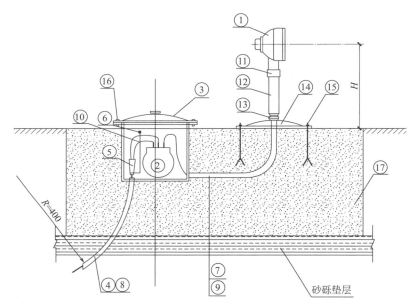

砂砾垫层

航道助航灯光立式灯具安装示意图及现场图

序号	设备名称	型号规格	单位	数量
①	跑道边灯、滑行道灯进近灯	1×50W，6.6A(根据设计要求)	套	1
②	隔离变压器	50W，6.6/6.6A(根据设计要求)	套	1
③	铸铁灯箱	$R=140$，$D_1=0$，$D_2=25$，$D_3=D_4=32$	套	1
④	灯光一次电缆	FAA L-824C-5kV-1×6mm²	m	
⑤	高、低压插接件	随隔变带	套	1
⑥	镀锌螺栓、帽、垫	M6×20	套	1
⑦	灯光二次电缆	H07RN-F 2×4mm²	m	
⑧	HDPE管	$d=40$mm	根	2
⑨	HDPE管	$d=32$mm	根	1
⑩	接地跨接线	裸铜线TR-ϕ2.0	m	3
⑪	转动接头	下口接SC50镀锌钢管	只	1
⑫	HDPE管	SC50	根	1
⑬	易折管	YZ-G2	只	1
⑭	灯具底盘	$R=140$，$D_1=25$	套	1
⑮	膨胀螺钉	M10×120	套	6
⑯	不锈钢螺栓、帽、垫	M10×45	套	6
⑰	灯箱基座	C20	块	1

航道助航灯光立式灯具安装材料表

工艺说明

1. 测量定位。使用GPS测量仪在沥青道面上精确定位，此工序由两名测量员交换复核。管线及灯具定位采用同一平面控制点，确保道面管线出口位置与灯具一致，同时使用全站仪每隔200m做穿直线复测。

2. 灯盘按照道面坡度安装，安装处高程最高的一点为基准。

3. 灯具安装好后，需要按照设计要求对灯具的灯光投向进行调整。并使用专用工具调整灯具的仰角与水平角，允许偏差为±0.5°。

050803 隔离变压器箱安装

隔离变压器箱安装现场图（一）

隔离变压器箱安装现场图（二）

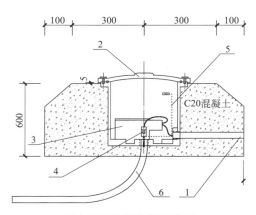

隔离变压器箱安装示意图

序号	设备名称	型号规格	单位	数量	备注
1	HDPE管	d=32mm混凝土包封	m	10	
2	灯箱	R=140，D_1=0，D_2=25，D_3=D_4=32	套	1	带垫圈，螺栓
3	隔离变压器	50W，6.6/6.6A（根据设计要求及厂家参数）	套	1	带高、低压插接件
4	电缆接头插头插座	随隔变带	只	2	
5	接地跨接线	裸铜线TR-ϕ2.0	m	3	双股绞合用
6	HDPE管	d=40mm	根	2	

隔离变压器箱安装材料表

工艺说明

1. 测量定位，关键点控制注意高程（按照道肩土面区高度）。隔离变压器灯箱采用 F900 抗压强度同时满足。

2. 箱体上的 $\phi12\times6$ 孔必须按其孔芯到箱体圆心成 $60°$ 分布，以便与箱盖及橡皮垫圈相配合。

3. 出厂及到场后，应将箱体浸泡 24h，看是否有渗水现象，检查铸铁箱质量。

4. 隔离变压器箱混凝土浇筑应符合设计坡度要求混凝土强度严格按照强度要求进行试验。

050804 航道助航灯光嵌入式灯具安装

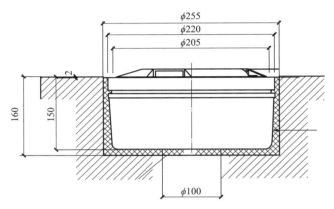

8 寸嵌入式灯具示意图

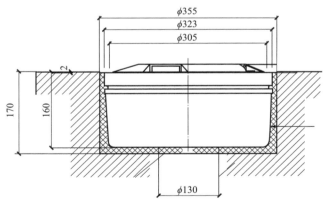

12 寸嵌入式灯具示意图

航道助航灯光嵌入式灯具安装现场图

工艺说明

1. 测量定位。关键点控制同立式灯。

2. 调整好底座水平度及高程，灯具底座上口周边表面应与四周道面齐平，允许偏差为 0～—2mm。

3. 快速高强流动性聚酯灌浆料，灌注分 2 次灌注，一般情况下，在 40℃每次搅拌和灌注时间不超过 15min。

4. 灯具固定采用螺栓固定，要求力矩 20～25N·m，对角线固定，至少分两次拧紧。

050805 防爆灯灯具安装

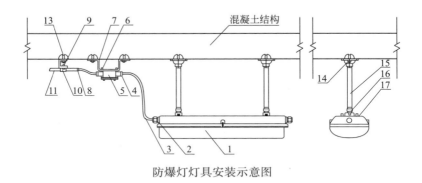

防爆灯灯具安装示意图

防爆灯灯具安装现场图

编号	名称	型号规格	单位	数量	备注
1	全防爆光灯具	见工程设计	套	1	—
2	电缆密封接头	与编号1灯具配合	条	1	—
3	电缆	见工程设计	根	1	—
4	保护管护口	与编号6钢管配合	个	1	市售成品
5	管夹（带螺栓、螺母、垫圈及弹簧垫圈）	与编号6钢管配合	套	—	市售成品
6	钢管	见工程设计	根	—	—
7	角管	L50×50×5	根	—	—
8	角管	L50×50×5=100mm	根	—	现场制作
9	内六角螺栓、螺母、垫圈及弹簧垫圈	M8/M6×40	套	4	市售成品
10	钢板	厚3mm	块	1	现场制作
11	柔性有机堵料	—	kg		

防爆灯灯具安装材料表

工艺说明

1. 灯具的防爆标志、外壳防护等级和温度组别应与爆炸危险环境相适配。

2. 防爆灯具的安装方式应符合安装规范，安装位置应牢固，不易松动，以确保灯具的安全使用。

3. 线管出线口位置必须做防爆封堵。管口处应用电缆周围用非燃性纤维堵塞严密，再填塞密封胶泥，密封胶泥填塞深度不得小于管子内径，且不得小于40mm。

4. 弹性密封圈及金属垫与电缆的外径匹配，密封圈内径与电缆外径允许差值为±1mm。

5. 弹性密封圈压紧后，应将电缆沿圆周均匀挤紧。

050806 高杆灯灯杆安装

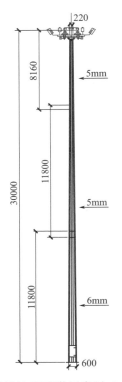

高杆灯灯杆安装示意图（一）

高杆灯灯杆安装现场图

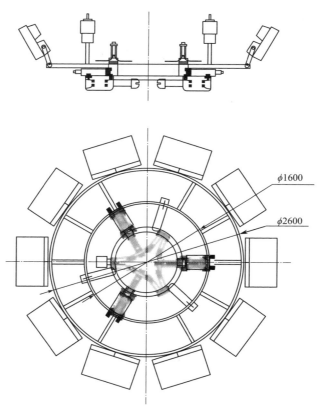

$\phi 1600$

$\phi 2600$

高杆灯灯杆安装示意图（二）

高杆灯灯杆安装实物图

工艺说明

　　1. 在宽阔平坦的地面进行杆体承插拼接，拼接过程注意杆体保护，避免破坏杆体涂层，杆体承插时应注意承插深度，确保承插深度满足产品要求，并用两台经纬仪确保垂直度。

　　2. 杆体拼接的同时应进行高杆灯杆顶装置的安装，包括缆绳卷扬滑轮、灯盘限位及固定装置，灯盘固定指示装置等。以上完成好后应进行灯盘升降缆绳和电力信号线缆的铺设。

　　3. 根据灯杆高度及重量选择合适的吊机进行杆体吊装，当灯杆吊运到地脚螺栓上方时，杆体下部由人用吊装带进行牵引，使杆体下部法兰盘准确对接地脚螺栓，对接好后及时用螺母安装在地脚螺栓上对其固定。

　　4. 安装完成后需要测试各活动部件的灵活性。

050807 高杆灯基础制作

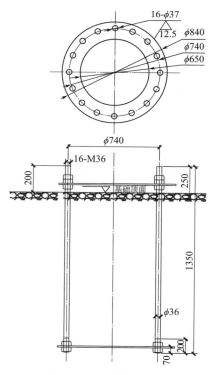

高杆灯基础制作示意图

高杆灯基础制作现场图

工艺说明

1. 高杆灯基础施工确保所有高杆灯都在同一水平线上。

2. 高水位情况下垫层施工铺设碎石作为地基。

3. 在混凝土浇筑时预埋地脚螺栓，基础浇筑分 2 次分层浇筑，浇筑面必须进行施工缝处理。

4. 基础拆模后的周边肥槽必须分层回填夯实，每次回填深度不超过 20cm，夯实后采用灌砂法进行检测。

5. 接地阻值不大于 4Ω。

050808 高杆灯安装动力系统及测试

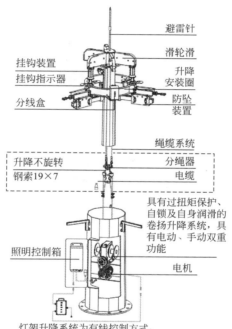

避雷针

滑轮滑

挂钩装置

挂钩指示器

升降
安装圈

分线盒

防坠
装置

绳缆系统

升降不旋转
钢索19×7

分绳器

电缆

具有过扭矩保护、
自锁及自身润滑的
卷扬升降系统，具
有电动、手动双重
功能

照明控制箱

电机

灯架升降系统为有线控制方式，
距灯杆操作半径不小于5m。

高杆灯安装动力系统及测试示意图

高杆灯安装动力系统及测试模型图

高杆灯安装动力系统及测试现场图

工艺说明

  1. 杆体固定好后，进行杆体设备舱内的电气箱、卷扬机设备安装及接线。

  2. 进行灯盘安装，并保证灯盘设备包括灯具、线缆、配重、防坠落装置等安装好后，灯盘吊在缆绳上受力均匀，用水平尺测量灯盘，灯盘水平度应满足设备要求。

  3. 灯盘安装好后进行升降测试，按照产品要求对灯盘进行升降，并测试灯盘限位及固定装置是否流畅，固定指示装置是否有效。

  4. 在夜晚运行相同条件下进行亮灯测试，用照度计或者专用泛光照明测试仪对高杆灯的照度、光照均匀度进行测试，相关数据经计算后应满足运营需求。

050809 舞台电动升降吊杆上灯具安装

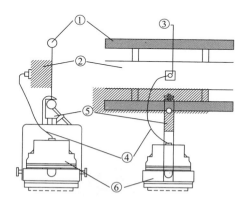

序号	材料、设备名称	单位	数量
①	灯具吊杆	套	1
②	配纵杆架	m	
③	防水黏度、插头	套	1
④	灯具吊钩	套	1
⑤	耗材（电源线、信号线）	m	
⑥	灯具	套	1

舞台电动升降吊杆上灯具安装示意图

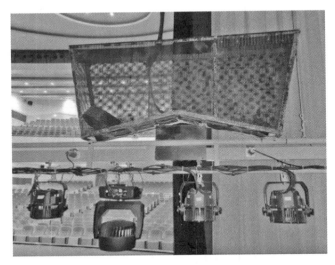

舞台电动升降吊杆上灯具安装现场图

工艺说明

　　1. 电动升降吊杆上的收线框内灯具专用扁平电缆，经末端箱和灯杆上方 100×100 或 100×50 金属桥架，在桥架开 50mm 孔洞，接入灯光插座。

　　2. 灯具用专用金属挂钩连接并均匀排布固定在灯杆上（重型灯具需安装保险绳防止金属挂钩断裂，灯具脱落）。

　　3. 光源安装，摇头灯、染色灯、成像灯等灯具光源安装时需戴手套，以免手上汗渍接触光源出现炸灯情况。均匀度进行测试，相关数据经计算后应满足运营需求。

050810 手术室无影灯安装

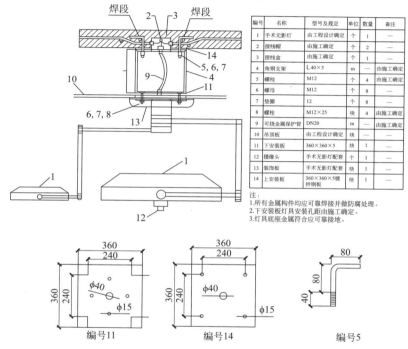

编号	名称	型号及规定	单位	数量	备注
1	手术无影灯	由工程设计确定	个	1	—
2	接线帽	由施工确定	个	2	—
3	接线盒	由施工确定	个	1	—
4	角钢支架	L40×5	m	—	由施工确定
5	螺栓	M12	个	4	由施工确定
6	螺母	M12	个	8	—
7	垫圈	12	个	8	—
8	螺栓	M12×25	块	4	由施工确定
9	可挠金属保护管	DN20	m	—	由施工确定
10	吊顶板	由工程设计确定	块	—	—
11	下安装板	360×360×5	块	1	—
12	摄像头	手术无影灯配套	个	1	—
13	装饰板	手术无影灯配套	块	1	—
14	上安装板	360×360×5镀锌钢板	块	1	—

注:
1.所有金属构件均应可靠焊接并做防腐处理。
2.下安装板灯具安装孔距由施工确定。
3.灯具底座金属符合应可靠接地。

编号11　　编号14　　编号5

手术室无影灯安装示意图（一）

手术室无影灯安装现场图

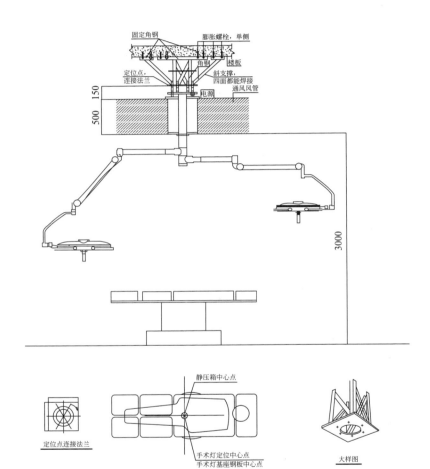

固定角钢　　　膨胀螺栓，单侧

角钢

楼板

定位点，
连接法兰

斜支撑，
四面都能焊接

通风风管

电源

500　150

3000

静压箱中心点

定位点连接法兰

手术灯定位中心点
手术灯基座钢板中心点

大样图

手术室无影灯安装示意图（二）

工艺说明

1. 手术室无影灯属于医疗专用灯具，安装前请参看不同厂家的安装说明书。

2. 安装位置和高度：手术室无影灯应安装在手术台上方中心位置，距离手术台面建议1.2m以上，离手术台边缘不应小于0.5m。手术台高度一般在0.9~1.0m，手术室无影灯的安装高度一般为2.2~2.5m。

3. 安装角度：应能够覆盖整个手术区域，使之光线均匀、稳定。手术室无影灯的安装角度视手术种类而定，一般手术室无影灯的灯头可调节倾斜角度介于0°~90°。

4. 为保障手术室无影灯安装牢固，应选择质量可靠的支架，并确保其能够承受无影灯的重量和可能的振动。支架应该牢固固定在手术室的天花板或墙壁上，支架底座应保证四周没有缝隙。灯表面要保持整洁，镀涂层无划伤。安装基座应足够牢固，复核预埋图以便于灯头转动。

5. 安装手术无影灯时，要根据厂家说明书来完成，要注意不能损害灯的任何部位，也不能出现漏装或装反的情况。

6. 手术无影灯安装完成后，要试运行检查无影灯是否有故障，如有故障要及时处理，或进行更换。

7. 注意事项：

（1）查看手术无影灯有无机械安装问题，螺钉和卡箍等紧固件全数拧紧并卡好，各装饰盖板应盖好。

（2）检查系统有无短路或者断路。

第九节 • 开关插座安装

050901 单个开关安装

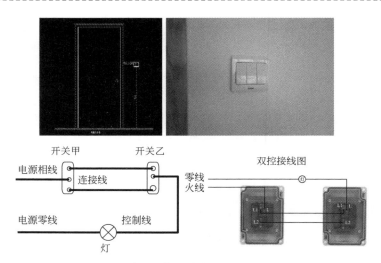

单联双控开关接线示意图

工艺说明

　　1. 开关安装位置应便于操作，开关边缘距门框的距离宜为 0.15～0.2m；开关面板底边距地面高度宜为 1.3m（具体安装高度以设计图纸要求为准）。

　　2. 相线应经开关控制，且同一建筑物内开关通断位置应一致（控制线的线色要求，多联开关的电线甩头应采用"鸡爪"做法）。

　　3. 单联双控开关接线方式见示意图，后面有三个触点，分别是 L、L1、L2。把两个 L1、L2 分别用线连起来，相线接在一个双控开关的 L 触点上，零线接在另一个双控开关的 L 触点上即可。

050902 成排开关安装

成排开关安装示意图

成排开关安装现场图

工艺说明

1. 开关面板安装应端正，横平竖直。

2. 并列安装的相同型号开关距地面高度应一致，高度差不应大于1mm，同一室内安装的开关高度差不应大于5mm。

050903 插座安装

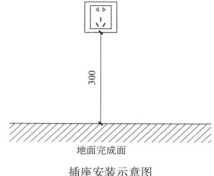

300

地面完成面

插座安装示意图

插座安装现场图

工艺说明

1. 插座面板安装应端正，横平竖直。

2. 插座安装高度距地面不宜小于0.3m；同一室内安装的插座高度差不应大于5mm；并列安装的相同型号的插座高度差不宜大于1mm。

3. 安装在木饰面等可燃装饰材料上的插座，应加装防火石棉垫做好防火措施。

050904 成排插座安装

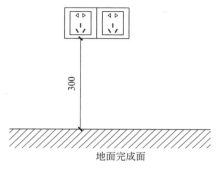

300

地面完成面

成排插座安装示意图

成排插座安装现场图

工艺说明

1. 并列安装的相同型号的插座高度差不宜大于1mm。

2. 插座安装完成后要顺直、美观，接口严密；槽板盖平直无翘角、缺陷。

3. 安装在木饰面等可燃装饰材料上的开关、插座，应加装防火石棉垫做好防火措施。

4. 插座接线应牢固可靠，面对插座采用"左零、右火，上接地"的接线方式；插座保护接地导体（PE）端子不得与中性导体（N）端子连接，且PE在插座之间不得串联连接。

5. 同一场所的三相插座，其接线的相序应一致。

050905 防爆插座安装

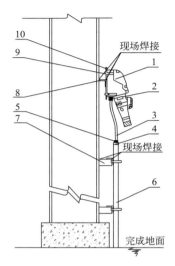

防爆插座安装示意图

防爆插座安装现场图

编号	名称	型号规格	单位	数量	备注
1	防爆插座	见工程设计	套	1	—
2	电缆密封接头	与编号3电缆相适应	条	1	—
3	电缆	见工程设计	根	1	—
4	保护管护口	与编号6钢管配合	个	1	市售成品
5	柔性有机堵料	—	kg		
6	钢管	见工程设计	根		
7	角钢	∟50×50×5	根	—	
8	角钢	∟50×50×5 L=100mm	根	—	现场制作
9	内六角螺栓、螺母、垫圈及弹簧垫圈	M8/M6×40	套	4	市售成品
10	钢板	厚3mm	块	1	现场制作

防爆插座安装材料表

工艺说明

1. 电缆引入装置或设备进线口的密封，应符合下列规定：装置内的弹性密封圈的每个孔仅应密封一根电缆；被密封的电缆断面，应近似圆形。

2. 线管出线口位置必须做防爆封堵。弹性密封圈及金属垫与电缆的外径匹配，密封圈内径与电缆外径允许差值为±1mm。

3. 弹性密封圈压紧后，应将电缆沿圆周均匀挤紧。

050906 防水插座安装

防水插座安装实物图

工艺说明

1. 防水插座安装位置高度应符合设计要求。

2. 安装时，需要先将防水垫放到墙上。

3. 再依次放上防水盒、插座或开关，开始进行开关插座的接线。

4. 用开关插座的螺丝依次穿过开关插座和防水盒的固定孔，与暗盒连接即可。

第十节 ● 建筑照明通电试运行

0510 建筑照明通电试运行

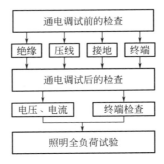

建筑照明通电试运行图

◆ 工艺说明

1. 通电调试前的检查：（1）线路绝缘电阻测试（大于0.5MΩ）；（2）出线压接牢固，出线回路标识与图纸相符；（3）配电箱的接地连接牢固可靠且标识清晰；（4）检查所有终端已经安装完毕；（5）逐个回路进行通电调试。

2. 通电后的检查和测试：（1）送电后，用万用表在终端测量是否有电，并测量相间、相对零电压是否正常及每个照明、插座回路的电流，确认电流值符合设计要求；用核相表进行核相，使相位正确。（2）检查每个终端通电时有否冒火花等异常现象，每个开关面板控制灯具的顺序符合图纸要求，开关面板的通电位置正确。

3. 开启所有灯具，进行照明全负荷试验，公用建筑连续通电试运行24h、民用住宅连续通电8h，每2h记录一次运行状态，在连续试运行时间内检查空气开关的温升应在正常范围内，照明灯具运行无故障。漏电开关测试采用漏电测试仪进行，并确保断路时间和电流值符合设计要求。

第六章　备用和不间断电源

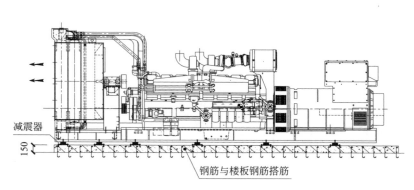

减震器

150

钢筋与楼板钢筋搭筋

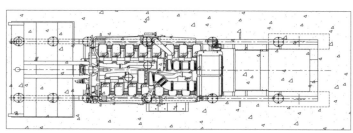

柴油发电机组主体安装示意图（一）

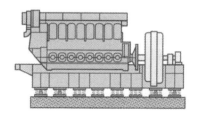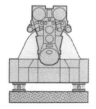

柴油发电机组主体安装示意图（二）

工艺说明

1. 柴油发电机组安装前，在基础上清晰标出所有纵横中心线。

2. 如果安装现场允许吊车作业时，将机组整体吊起，把随机配减震器安装在机组下方，将机组整体放在基础上。

3. 减震器的固定：划好减震器地脚孔的位置进行钻孔，将孔内部清理干净，吊起机组，埋好螺栓后，螺栓孔中心与基础纵横中心偏差不大于2mm，螺栓孔壁垂直度偏差不大于2mm/螺栓孔全长，对准螺孔放回机组，拧紧螺栓。

4. 如果现场不允许吊车作业，可将机组放在滚杠上，滚至选定位置，用千斤顶（千斤顶规格根据机组重量选定）将机组一端抬起，注意机组两边的升高一致，直至底座下的间隙能安装抬高一端的减震器。释放千斤顶，在抬高机组另一端，装好剩余的减震器，撤出滚杠，释放千斤顶。

5. 柴油发电机组安装精度要求：纵、横向水平度，每米偏差不大于0.1mm。

0602 柴油发电机组基础预制

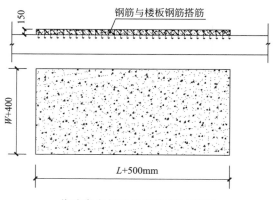

柴油发电机组基础预制示意图

图中标注：150、W+400、L+500mm、钢筋与楼板钢筋搭筋

工艺说明

1. 柴油发电机组外形尺寸：L、W 分别是发电机外形长宽尺寸

2. 制作发电机组钢筋混凝土基础，尺寸为：长×宽×H 高＝$(L+500)×(W+400)×150$（单位：mm，其中 L 和 W 分别是发电机外形尺寸的长和宽）。双向单层 $\phi10@150$ 螺纹钢筋网，需与地下一层楼板内钢筋搭筋，使用 C30 混凝土，基础高出地面150mm；基础平面度要求每米5mm。

3. 要求机组基础能承受静载荷 $726kg/m^2$，动载荷 $1452kg/m^2$ 或满足厂家要求。

4. 基础外观检查：表面平整，无裂纹、孔洞、蜂窝和漏筋，基础与机房有关运转平台的隔震缝隙清理干净、无杂物。

0603 柴油发电机组主体运输方案一

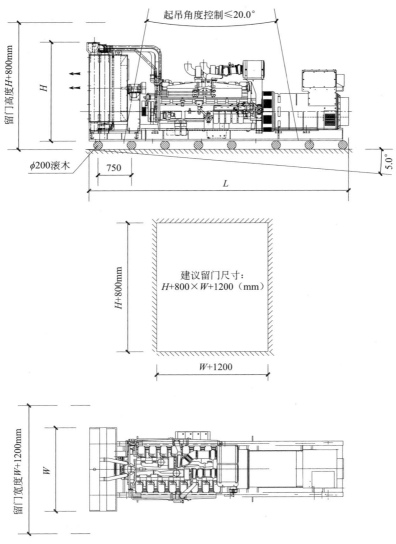

柴油发电机组主体运输方案（一）示意图

工艺说明

1. 利用汽车吊配合滚木驳运的放置吊装柴油发电机组，滚木选择直径 $\phi200$ 以上滚木，平铺间距为 750mm。

2. 建议机房留门尺寸，W（宽）×H（高）＝（W＋1200）×（H＋800）（单位：mm）。

3. 进机房坡度要求小于等于 5°。

4. 要求起吊角度控制范围小于等于 20°。

5. 如高度不够，建议机房开天窗口供柴油发电机组吊装运输。

0604 柴油发电机组主体运输方案二

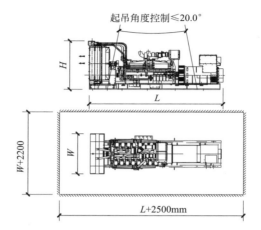

柴油发电机组主体运输方案（二）示意图

柴油发电机组主体运输方案（二）现场图

工艺说明

1. 柴油发电机组外形尺寸：根据厂家选型而定。

2. 利用汽车起重机从顶部吊装口吊入机房，建议机房顶部预留吊装口尺寸，L（长）×W（宽）＝$(L＋2500)×(W＋2200)$（单位：mm）。

3. 要求起吊角度控制范围小于等于20°。

0605 柴油发电机组油管安装

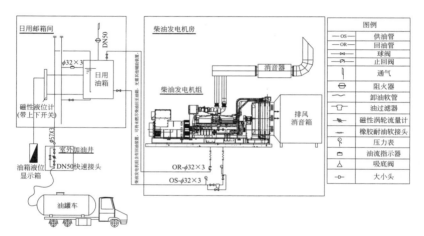

柴油发电机组油路系统图

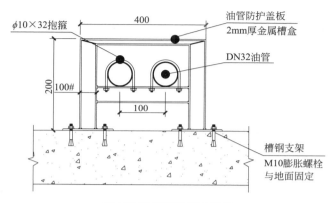

室内油管安装固定示意图

工艺说明

1. 油箱最高油位不能比机组底座高出2.5m；出油口应高于柴油机高压射油泵。

2. 回油管油路到油箱的高度必须保持在2.5m以下。

3. 输油管材料应为黑铁无缝钢管，不可使用镀锌管，管径应符合厂家设备说明要求。

4. 油管与机组的连接应采用软管连接，并采用优质卡箍连接。

5. 油箱上部应装有压力平衡透气阀及阻火器，底部应装有排污塞。

6. 观察检查燃油系统管路安装不得有渗漏现象（包括运行、停机状态下）。

7. 油路安装路由应避开排气管、热源和振源。

8. 室内供油管道敷设于机房地面上，油管道利用U形卡固定在槽钢龙门架上，做管道上方覆盖防护盖板。

0606 柴油发电机组加油井施工

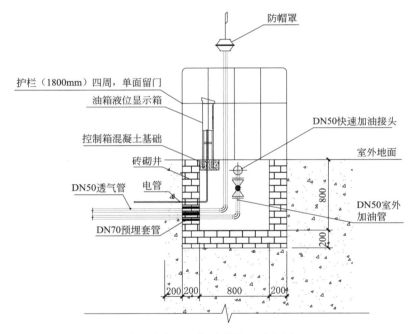

柴油发电机组加油井施工示意图

柴油发电机组加油井施工现场图

工艺说明

1. 室外加油井为砖砌墙，尺寸为：800×800（单位：mm），井壁厚度为：200mm，井口高出地面100mm，井内壁抹灰找平；井内预留DN50快速加油接头及DN50透气管，透气管顶端安装防帽罩，其高出地面2.2m；油管及透气管进入油井处设置DN70防水套管。

2. 油箱液位显示箱基础用混凝土浇筑，基础尺寸为：500×400×200（单位：mm），箱腿埋入基础内100mm，或设计确定。

3. 加油井上方周边安装护栏，高度为1800mm，护栏四周单面预留门口，门宽：900mm，高：1800mm。

0607 柴油发电机组油箱液位显示箱加工生产

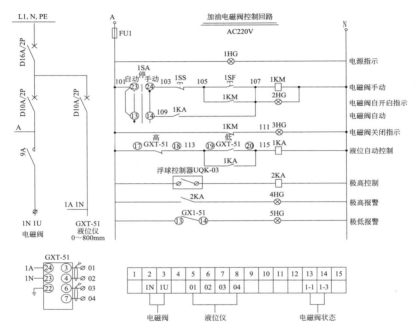

柴油发电机组油箱液位显示箱加工生产示意图（一）

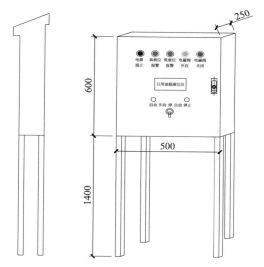

柴油发电机组油箱液位显示箱加工生产示意图（二）

工艺说明

　　1. 油箱液位显示箱为防雨型不锈钢箱体，尺寸为：长500×宽250×高600（单位：mm），支架高度为：1400mm。

　　2. 显示箱必须设有电源指示、电磁阀手动、电磁阀自开启指示、电磁阀自动、电磁阀关闭指示、液位自动控制、限高控制、极高报警、极低报警的功能。

0608 柴油发电机组接地安装

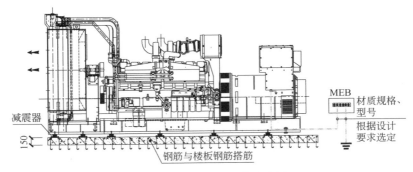

柴油发电机组接地安装示意图

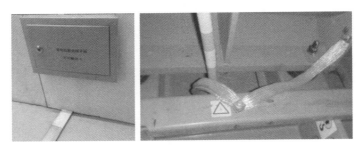

柴油发电机组接地安装现场图

工艺说明

1. 柴油发电机组中性线（工作零线）应与接地干线直接连接，螺栓防松零件齐全，且有明显标识。

2. 柴油发电机组本体和机械部分的可靠近裸露导体应接地（PE）或接零（PEN）可靠，且有明显标识。

3. 不间断电源装置及油管路、油箱同样金属裸露导体必须接地（PE）或接零（PEN）可靠，且有明显标识。

4. 接地电阻应满足规范要求，接地标识应在明显部位粘贴接地标签及接地导体上粉刷黄绿相间油漆，应清晰可见。

0609 柴油发电机组室内排烟管道及消声器安装

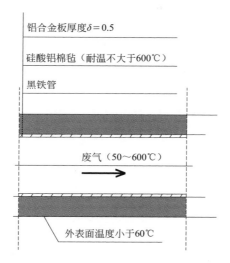

铝合金板厚度δ＝0.5

硅酸铝棉毡（耐温不大于600℃）

黑铁管

废气（50～600℃）

外表面温度小于60℃

（a）消声器及排烟管保温剖面图

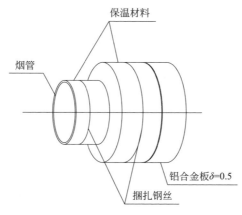

保温材料

烟管

铝合金板δ=0.5

捆扎钢丝

（b）消声器及排烟管保温立体图

消声器及排烟管保温结构图

柴油发电机组室内排烟管道及消声器安装现场图

工艺说明

  1. 柴油发电机组排烟管选用黑铁管，外层保温50mm；排烟管及排烟消声器需做保温隔热处理，裹50mm厚硅酸铝棉毡，外包0.5mm铝板，硅酸铝棉毡的物理性能：密度$100\sim200kg/m^3$，导热系数$\lambda=0.12\sim0.154W/(m\cdot K)$。

  2. 排烟消声器必须安装弹簧减震吊架。

  3. 烟囱出屋顶必须设置避雷设施及专用补偿器。

  4. 柴油发电机组按环保要求配置消声器。

0610 柴油发电机组室内油箱安装

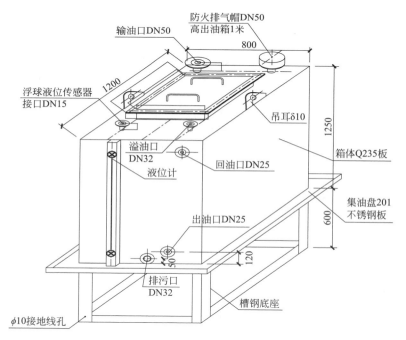

防火排气帽DN50
高出油箱1米
输油口DN50
800
浮球液位传感器接口DN15
1200
吊耳δ10
1250
溢油口DN32
回油口DN25
液位计
箱体Q235板
集油盘201不锈钢板
600
出油口DN25
120
50
排污口DN32
槽钢底座
φ10接地线孔

柴油发电机组室内油箱安装示意图

柴油发电机组室内油箱安装现场图

工艺说明

    1. 机房油箱间内安装 1 台 1000L 日用燃油箱，来保证机组正常运行。

    2. 油箱检测方法采用注满水，无渗漏。

    3. 油箱集油盒采用 201 厚 2mm 不锈钢板折弯焊接。

    4. 1000L 日用燃油箱设置高低液位报警，信号传输至室外加油井附件的液位显示箱。

    5. 日用燃油箱及供油管道必须采取防静电接地措施。

0611 UPS 机柜安装

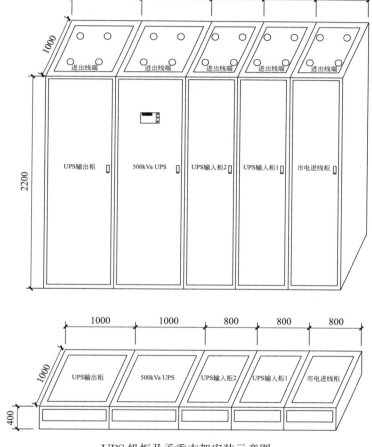

UPS 机柜及承重支架安装示意图

UPS 机柜安装现场图

工艺说明

1. UPS 及 EPS 的整流、递变、静态开关、储能电池或蓄电池组的规格、型号应符合设计要求。内部接线应正确、可靠不松动，紧固件应齐全。

2. 安放 UPS 的机架或金属底座的组装应横平竖直、紧固件齐全，水平度、垂直度允许偏差不应大于 1.5‰。

3. UPS 的输入端、输出端对地间绝缘电阻值不应小于 2MΩ。

4. UPS 连线及出线的线间、线对地间绝缘电阻值不应小于 0.5MΩ。

5. UPS 及 EPS 的外露可导电部分应与保护导体可靠连接，并应有标识。

0612 蓄电池组安装

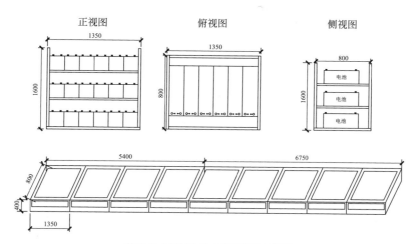

蓄电池组及承重支架安装示意图

蓄电池组安装现场图

工艺说明

1. 蓄电池放置的基架及间距应符合设计要求；蓄电池放置在基架后，基架不应有变形；基架宜接地。

2. 蓄电池在搬运过程中不应触动极柱和安全排气阀。

3. 蓄电池安装应平稳，间距应均匀，单体蓄电池之间的间距不应小于 5mm；同一排、列的蓄电池槽应高低一致，排列应整齐。

4. 连接蓄电池连接条时应使用绝缘工具，并应佩戴绝缘手套。

5. 蓄电池组连接条的接线应正确，连接部分应涂以电力复合脂。螺栓紧固时，应用力矩扳手，力矩值应符合产品技术文件的要求。

6. 有抗震要求时，蓄电池组抗震设施应符合设计要求，并应牢固可靠。

7. 蓄电池组电缆引出线正、负极的极性及标识应正确，且正极应为赭色，负极应为蓝色。蓄电池组电源引出电缆不应直接连接到极柱上，应采用过渡板连接。电缆接线端子处应有绝缘防护罩。

8. 根据蓄电池组类型，蓄电池组的每个蓄电池应在外表面用耐酸或耐碱材料标明编号。

第七章　防雷及接地

第一节 ● 接地装置及均压环安装

070101 接地装置安装（人工接地安装）

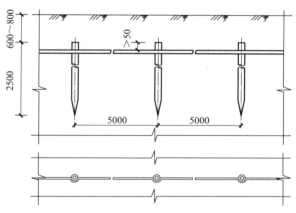

接地装置安装（人工接地安装）示意图

接地装置安装（人工接地安装）现场图

工艺说明

　　1. 人工接地体一般采用镀锌角钢或镀锌钢管切割而成，长度不小于2.5m，一端加工成尖头形状以便砸入地下（当利用建筑物基础作为接地装置时，埋在土壤内的未接导体应采用铜质材料或不锈钢材料，并采用热浸镀锌钢材）。

　　2. 当设计无要求时，接地装置顶面埋设深度不应小于0.6m，且应在冻土层以下。圆钢、角钢、钢管、铜棒、铜管等接地极应垂直埋入地下。间距不应小于5m；人工接地体与建筑物的外墙或基础之间的水平距离不宜小于1m。

　　3. 当接地极为铜材和钢材组成，且铜与铜或铜与钢材连接采用热剂焊时，被连接的导体截面应完全包裹在接头内，接头应无贯穿性的气孔且表面平滑。

　　4. 接地极的连接应采用焊接，接地线与接地极的连接应采用焊接。异种金属接地极之间连接时接头处应采取防止电化学腐蚀的措施。

070102 自然接地极安装

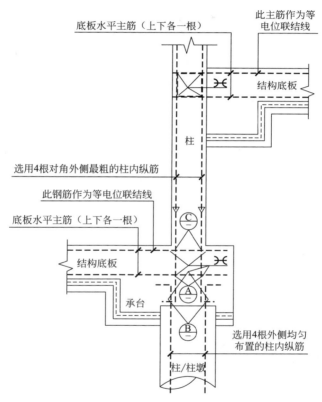

底板水平主筋（上下各一根）

此主筋作为等电位联结线

结构底板

柱

选用4根对角外侧最粗的柱内纵筋

此钢筋作为等电位联结线

底板水平主筋（上下各一根）

结构底板

承台

选用4根外侧均匀布置的柱内纵筋

柱/柱墩

自然接地极安装示意图

自然接地极安装现场图

工艺说明

　　1. 利用基础底板钢筋或深基础做接地体时，应根据设计图纸要求，确定好兼作接地线的基础钢筋位置、数量、接地网格尺寸和主筋的规格，并利用油漆做好标记，最后应将底板钢筋纵横连接贯通形成接地网。

　　2. 利用柱形桩基及平台钢筋做接地体时，根据设计图纸要求，找好桩基组数位置，确定好兼作接地线的桩基钢筋及承台钢筋的位置、数量，并应用油漆做好标记，最后应将桩基钢筋与其承台钢筋焊接。

　　3. 自然接地体底板钢筋敷设完成，应按设计要求做接地施工，应经检查确认并做隐蔽工程验收记录后再支模或浇捣混凝土。

070103 均压环施工

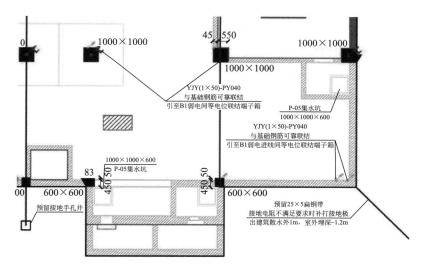

均压环施工示意图

均压环施工现场图

工艺说明

1. 根据设计要求利用结构圈梁的水平钢筋或单独敷设接地导体焊接成均压环并与引下线焊接。建筑物的金属构件、金属设备和竖向金属管道均应可靠连接到均压环上。均压环钢筋的轴线、位置、走向、钢筋规格等应符合设计要求。

2. 结构梁、板内的钢筋之间应保证电气连通，并与同层的防雷引下线连接可靠，电气连通应采用直径不小于12mm的热浸锌圆钢，其搭接要求应符合设计及规范要求。

第二节 • 避雷引下线及接闪器安装

070201 接闪器安装（独立接闪杆）

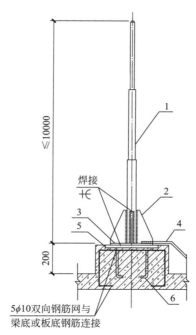

1—接闪杆；2—加劲肋；3—底板；4—引下线；5—底脚板；6—铁脚

接闪器安装（独立接闪杆）示意图

接闪器安装（独立接闪杆）现场图

工艺说明

1. 专用接闪杆位置应正确，焊接固定的焊缝应饱满，焊接部分防腐应完整。接闪导线应位置正确、平正顺直、无急弯。螺栓固定的应有防松零件。

2. 接闪杆采用热镀锌圆钢或钢管制成时，其直径应符合设计及规范要求。

3. 接闪杆的接闪端宜做成半球状，其最小弯曲半径宜为 4.8mm，最大宜为 12.7mm。

4. 高层建筑物的接闪器应采取明敷。在多雷区，宜在屋面拐角处安装短接闪杆。

5. 专用接闪杆应能承受 $0.7kN/m^2$ 的基本风压，在经常发生台风和大于 11 级大风的地区，宜增大接闪杆的尺寸，满足最大风级的要求。

070202 接闪器安装（接闪带、接闪网）

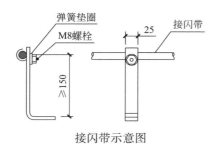

接闪带示意图

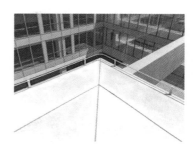

屋面接闪带安装现场图

工艺说明

1. 固定接闪导线的固定支架应固定可靠，每个固定支架应能承受≥49N 的垂直拉力，固定支架的高度不宜小于 150mm。固定支架间距应均匀，拐弯处不宜大于 0.3m，并应符合规范要求。

2. 接闪网（带）应设在墙外表面或屋檐边垂直面上，敷设应顺直或沿建筑造型曲线敷设，转弯处不得有急弯且弯曲角度不应小于 90°。

3. 暗敷在建筑物混凝土中的接闪导线，在主筋绑扎或认定主筋进行焊接并做好标志后，应按设计要求施工，并应经检查确认隐蔽工程验收记录后再支模或浇捣混凝土。

4. 明敷在建筑物上的接闪器应在接地装置和引下线施工完成后再安装，并应与引下线电气连接。

5. 除利用混凝土构件钢筋或在混凝土内专设钢材做接闪器外，钢质接闪器应热镀锌。在腐蚀性较强的场所，尚应采取加大截面或其他防腐措施。

6. 接闪网（带）跨越建筑物变形缝处应采取补偿措施。

070203 接闪器安装（接闪带过建筑物伸缩缝）

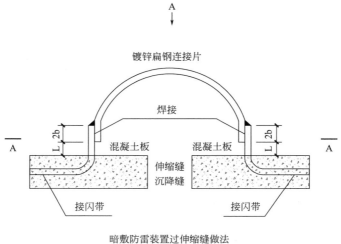

暗敷防雷装置过伸缩缝做法

热镀锌扁钢

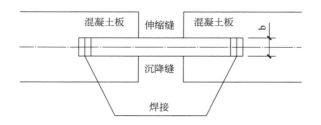

A向

接闪带过建筑物伸缩缝示意图（一）

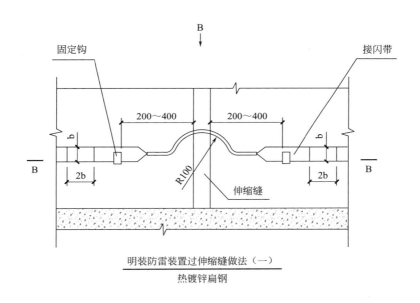

明装防雷装置过伸缩缝做法（一）

热镀锌扁钢

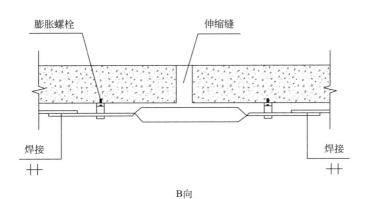

B向

接闪带过建筑物伸缩缝示意图（二）

233

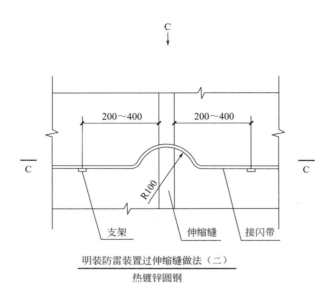

明装防雷装置过伸缩缝做法（二）

热镀锌圆钢

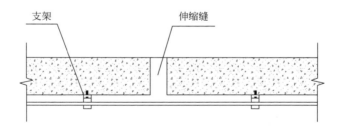

C向

接闪带过建筑物伸缩缝示意图（三）

接闪带过建筑物伸缩缝现场图

工艺说明

　　1. 接闪网（带）应设在墙外表面或屋檐边垂直面上，敷设应顺直或沿建筑造型曲线敷设，转弯处不得有急弯且弯曲角度不应小于90°。

　　2. 接闪网（带）跨越建筑物变形缝处应采取补偿措施。

　　3. 接闪带、卡子应做镀锌处理或采用不锈钢等防腐材质。

070204 接闪器安装（利用金属屋面/物）

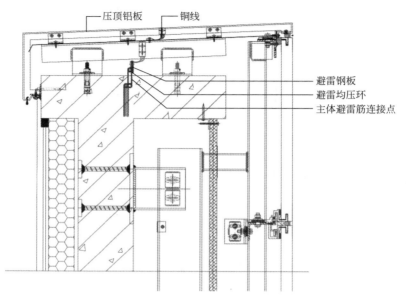

利用金属屋面或永久性金属物示意图

工艺说明

1. 金属板间的连接应是持久的电气贯通，可采用铜锌合金焊、熔焊、卷边压接、缝接、螺钉或螺栓连接。

2. 金属板下面无易燃物品时，铅板的厚度不应小于2mm，不锈钢、热镀锌钢、钛和铜板的厚度不应小于0.5mm，铝板的厚度不应小于0.65mm，锌板的厚度不应小于0.7mm。

3. 金属板下面有易燃物品时，不锈钢、热镀锌钢和钛板的厚度不应小于4mm，铜板的厚度不应小于5mm，铝板的厚度不应小于7mm。

4. 输送和储存物体的钢管和钢罐的壁厚不应小于2.5mm；当钢管、钢罐一旦被雷击穿，其内的介质对周围环境造成危险时，其壁厚不应小于4mm。

070205 圆钢防雷接闪带搭接焊接方法

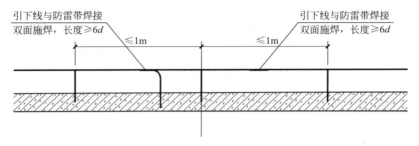

引下线与防雷带焊接
双面施焊，长度≥6d

≤1m　　≤1m

引下线与防雷带焊接
双面施焊，长度≥6d

圆钢防雷接闪带搭接焊接示意图

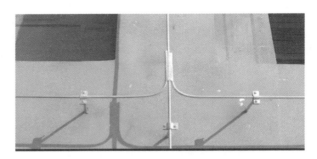

圆钢防雷接闪带搭接焊接现场图

工艺说明

1. 圆钢规格根据设计要求选择，当在防雷支架敷设时避雷带尽量选择圆钢，明敷设时更易调直，保证美观。

2. 防雷带两边施焊，焊接长度不小于6倍的圆钢直径。

3. 两根圆钢连接，为了防止发生搭接处不易调直的问题，可以选择一节同直径的圆钢作为搭接体进行焊接，两面施焊。

4. 焊接采用搭接焊接，焊接部位应采取防腐措施，确保焊缝的机械强度和电气性能。

070206 防雷引下线安装（暗敷）

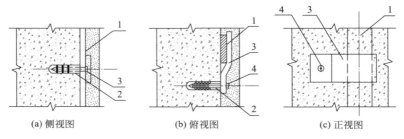

| (a) 侧视图 | (b) 俯视图 | (c) 正视图 |

1—引下线；2—塑料胀锚螺栓；3—S形卡子；4—沉头螺钉

防雷引下线安装（暗敷）示意图

防雷引下线标识图片

工艺说明

1. 暗敷在建筑物抹灰层内的引下线应有卡钉分段固定。

2. 利用建筑物柱内钢筋作为引下线，在柱内主钢筋绑扎或焊接连接后，应做标志，并应按设计要求施工，应经检查确认记录后再支模浇筑混凝土。

070207 防雷引下线安装（明敷）

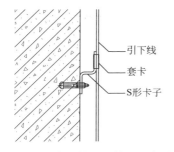

防雷引下线安装（明敷）示意图　　　防雷下线安装（明敷）现场图

引下线
套卡
S形卡子

工艺说明

1. 明敷的引下线应平直、无急弯，并应设置专用支架固定，引下线焊接处应刷油漆防腐且无遗漏。

2. 专设引下线与可燃材料的墙壁或墙体保温层间距应大于 0.1m。

3. 明敷的专用引下线应分段固定，并应以最短路径敷设到接地体，敷设应平正顺直、无急弯。焊接固定的焊缝应饱满无遗漏，螺栓固定应有防松零件（垫圈），焊接部分的防腐应完整。

4. 建筑物外的引下线敷设在人员可停留或经过的区域时，应采用防止接触电压和旁侧闪络电压对人员造成伤害的措施。防直击雷的专设引下线距出入口或人行道边沿不宜小于 3m。

5. 引下线固定支架应固定可靠，每个固定支架应能承受 49N 的垂直拉力。固定支架的高度不宜小于 150mm，固定支架应均匀，固定支架的间距应符合设计及规范要求。

6. 在易受机械损伤之处，地面上 1.7m 至地面下 0.3m 的一段接地应采用暗敷保护，也可采用镀锌角钢、改性塑料管或橡胶等保护，并应在每一根引下线上距地面不低于 0.3m 处设置断接卡连接。

070208 断接卡与测试点安装

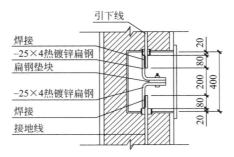

断接卡施工示意图

接地测试点现场图

工艺说明

1. 当利用混凝土内钢筋、钢柱作为自然引下线并同时采用基础接地体时，可不设断接卡，但利用钢筋作引下线时应在室内外的适当地点设若干连接板。当仅利用钢筋作引下线并采用埋于土壤中的人工接地体时，应在每根引下线上距地面不低于 0.3m 处设接地体连接板。采用埋于土壤中的人工接地体时应设断接卡，其上端应与连接板或钢柱焊接。连接板处宜有明显标志。

2. 在接地线引向建筑物的入口处和在检修用临时接地点处，均应刷白色底漆并标以黑色标识，其代号为"⏚"。同一接地极不应出现两种不同的标识。

第三节 ● 建筑物等电位连接

070301 总等电位箱安装

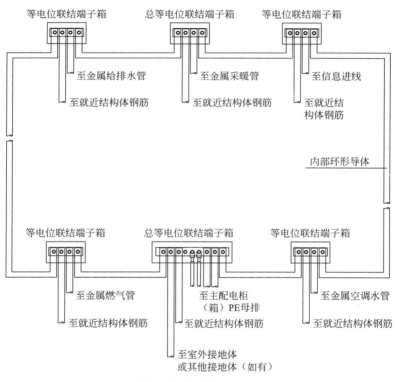

等电位联结端子箱　　总等电位联结端子箱　　等电位联结端子箱

至金属给排水管　　　　至金属采暖管　　　　　至信息进线

至就近结构体钢筋　　　至就近结构体钢筋　　　至就近结构体钢筋

内部环形导体

等电位联结端子箱　　总等电位联结端子箱　　　等电位联结端子箱

至金属燃气管　　　　至主配电柜　　　　　　　至金属空调水管
　　　　　　　　　　（箱）PE母排

至就近结构体钢筋　　　至就近结构体钢筋　　　　至就近结构体钢筋

至室外接地体
或其他接地体（如有）

总等电位联结做法示意图

工艺说明

　　1. 每个建筑物中的下列可导电部分，应做总等电位联结：

　　（1）总保护导体（保护接地导体、保护接地中性导体）；

　　（2）电气装置总接地导体或总接地端子板；

　　（3）建筑物内的水管、燃气管、供暖和空调管道等各种金属干管；

　　（4）可接用的建筑物金属结构部分。

　　2. 在建筑物入户处应做总等电位联结。建筑物等电位联结干线与接地装置应有不少于2处的直接联结。应对入户金属管线和总等电位联结板的位置检查确认后再设置与接地装置联结的总等电位联结板，并应按设计要求做等电位联结。

　　3. 总等电位端子板应直接与建筑物用作防雷和接地的结构金属构件及室外接地体联结。

　　4. 等电位端子箱进出线应做标识。

070302 幕墙金属框架及金属门窗接地

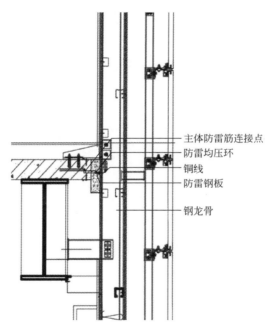

主体防雷筋连接点

防雷均压环

铜线

防雷钢板

钢龙骨

幕墙金属框架及金属门窗接地示意图

幕墙金属框架及金属门窗接地现场图

工艺说明

    1. 设计要求接地的幕墙金属框架和建筑物的金属门窗，应就近与防雷引下线连接可靠，连接处不同金属间应采取防电化学腐蚀措施。

    2. 第一类、第二类、第三类防雷建筑物高度分别超过30m、45m、60m时，应将超出高度以上外墙上的栏杆、门窗等较大金属物直接或通过预埋件与防雷装置相连，水平突出的墙体应设置接闪器并与防雷装置相连。

    3. 洁净室金属门窗除对其表面有防静电要求外，还应接地。

070303 等电位联结（电气竖井）

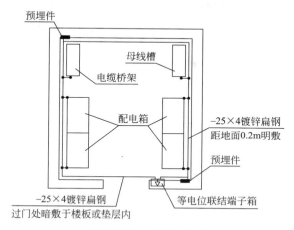

电气竖井等电位联结示意图

设备金属外壳与电气竖井等电位联结现场图

工艺说明

1. 等电位端子箱应设置在便于测量及维护的部位。

2. 等电位箱应与本层地面内钢筋网连通。

3. 将配电箱、电缆桥架、母线槽等设备设施的金属外壳与竖井内的等电位联结线做联结。

070304 等电位联结（淋浴间、带淋浴卫生间）

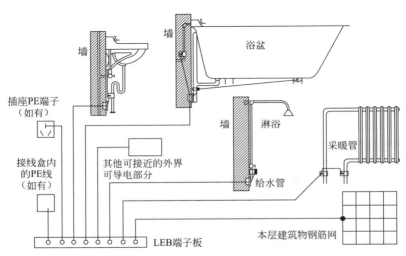

带淋浴卫生间等电位联结示意图

工艺说明

1. 应将浴室内的外露可导电部分和可接近的外界可导电部分做局部等电位联结。外界可导电部分包括给、排水系统的金属部分、金属浴盆、加热系统的金属部分、空调系统的金属部分、燃气系统的金属部分以及可接触的建筑物的金属部分，可不包括金属扶手、浴巾架、肥皂盒等孤立金属物。

2. 地面内钢筋网应做等电位联结，墙内如有钢筋网也宜与等电位联结线连通。

3. 浴室内的等电位联结不得与浴室外的 PE 线相连，以防故障时引入危险电位。如浴室内有 PE 线，则必须与该 PE 线做联结（例如插座的 PE 端子或接线盒内的 PE 线）。

4. 目前住宅卫生间多采用铝塑管、PPR 等非金属管，但考虑二次装修管材更换等因素，仍需预留局部等电位联结端子箱。

5. 等电位联结线可采用—25×4 镀锌扁钢或不小于 BVR-1×2.5mm^2 导线（地面内或墙内穿管暗敷，软线压接应涮锡）。

6. 浴室等电位联结端子箱的设置位置应方便检测。

070305 等电位联结（弱电机房）

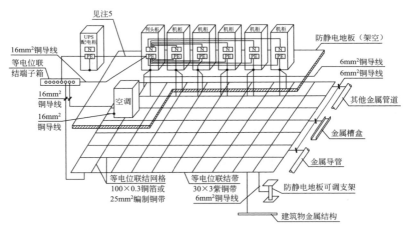

弱电机房等电位联结示意图

工艺说明

1. 室内所有设备、金属机架、金属线槽和浪涌保护箱的接地端等均应做等电位联结并接地。

2. 机柜采用两根不同长度的 $6mm^2$ 铜导线与等电位联结网格（或等电位联结带）联结；与等电位联结网络的联结线宜采用焊接、熔接或压接。联结线与等电位接地端子板之间应采用螺栓连接，连接处应进行热搪锡处理。

3. 等电位联结线应使用具有黄绿相间色标的铜质绝缘多股导线。

4. 不得用金属软管、管道保温层的金属外皮或金属网及电缆金属保护层作等电位的联结线。

5. 对于暗敷的等电位联结线及其连接处，应做隐蔽工程记录。

6. 等电位联结网络的铜带表面应无毛刺、明显伤痕、残余焊渣，安装应平整端正、连接应牢固，绝缘铜带的绝缘层应无老化龟裂现象。

7. 等电位接地端子板的连接点应具有牢固的机械强度和良好的电气导通性。

8. 等电位联结安装完毕，应进行导通性测试。等电位端子板与等电位联结范围内的金属体之间的电阻不应大于 3Ω。

070306 等电位联结（电动机房、泵房）

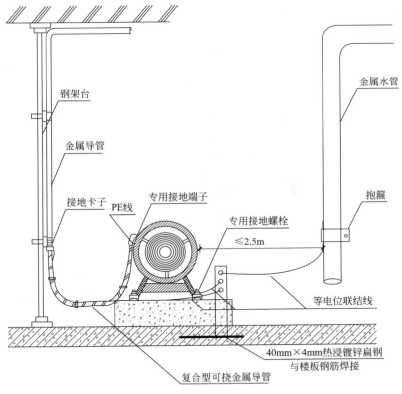

钢架台

金属导管

接地卡子

PE线

专用接地端子

专用接地螺栓

≤2.5m

金属水管

抱箍

等电位联结线

40mm×4mm热浸镀锌扁钢
与楼板钢筋焊接

复合型可挠金属导管

电动机房、泵房等电位联结示意图

电动机房、泵房等电位联结现场图

工艺说明

　　1.电动机金属外壳应与金属导管、金属水管等与直接接地体连通。

　　2.应在电动机基础上预留等电位接地扁钢，与接地体连接的扁钢应采用焊接方式。

　　3.电进线采用复合型可挠金属导管时，可挠金属导管应与等电位联结线联结。

　　4.水泵两端的进出水管橡胶软接头应采用等电位联结线跨接。

070307 电涌保护器安装

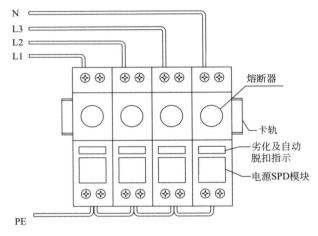

N
L3
L2
L1

熔断器

卡轨

劣化及自动
脱扣指示

电源SPD模块

PE

低压 TN-S 电源系统三相并联式 SPD 安装示意图（熔断组合型）

电涌保护器现场图

工艺说明

　　1. 柜、箱、盘内电涌保护器（SPD）的型号规格及安装布置应符合设计要求。

　　2. SPD的接线形式应符合设计要求，接地导线的位置不宜靠近出线位置。

　　3. 为取得较小的电涌保护器有效电压保护水平，应选用有较小电压保护水平值的电涌保护器，并应采用合理的接线，同时应缩短连接电涌保护器的导体长度。

　　4. SPD的连接导线应平直、足够短，且不应大于0.5m。

　　5. 电涌保护器应与同一线路上游的电涌保护器在能量上配合，电涌保护器在能量上配合的资料应由制造商提供。